ESERCIZI DI CINEMATICA DEI MANIPOLATORI

CORRADO GUARINO LO BIANCO

ISBN 978-1-4709-2943-5

Prefazione

Il testo raccoglie una collezione di esercizi di cinematica diretta ed inversa relativi a dei manipolatori industriali con catena cinematica aperta. È il naturale compendio del libro di testo "Analisi e controllo dei manipolatori industriali"[1], che integra attraverso l'analisi di alcune configurazioni meccaniche per le quali non è applicabile il principio del disaccoppiamento cinematico. I problemi proposti costituiscono una opportunità per familiarizzare con alcune delle tecniche utilizzate per risolvere in forma chiusa il problema della cinematica inversa.

CORRADO GUARINO LO BIANCO

[1] C. Guarino Lo Bianco, "Analisi e controllo dei manipolatori industriali", Pitagora Editrice Bologna, Bologna, 2011

Capitolo 1

ESERCIZI DI CINEMATICA DEI MANIPOLATORI

Esercizio 1.

Sia dato il manipolatore RRPR riportato in figura.

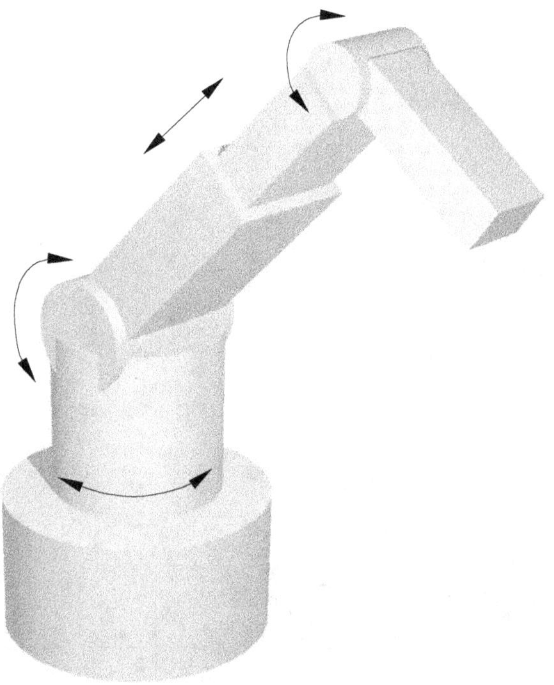

Si chiede di:

1. Fissare le terne ai bracci del manipolatore usando la convenzione di Denavit-Hartenberg modificata e determinare i parametri cinematici;
2. Determinare la matrice di trasformazione omogenea ${}^{0}_{4}\mathbf{T}(\theta_1, \theta_2, d_3, \theta_4)$, dove $\{0\}$ e $\{4\}$ denotano rispettivamente la terna di base e la terna di polso;
3. Il manipolatore può essere descritto nello spazio operativo tramite le coordinate dell'origine della terna $\{4\}$ descritta rispetto alla terna $\{0\}$ (coordinate x, y e z) ed una tripletta di angoli α, β e γ corrispondenti alla notazione minima di Eulero (assi mobili) del tipo $\mathbf{R}_{z'x'y'}(\alpha, \beta, \gamma)$: determinare la matrice di trasformazione omogenea ${}^{0}_{4}\mathbf{T}(x, y, z, \alpha, \beta, \gamma)$;
4. Risolvere la cinematica diretta del manipolatore;
5. Indicare quale potrebbe essere la dimensione minima dello spazio operativo e perché.

Soluzione.

1) Terne e parametri cinematici.

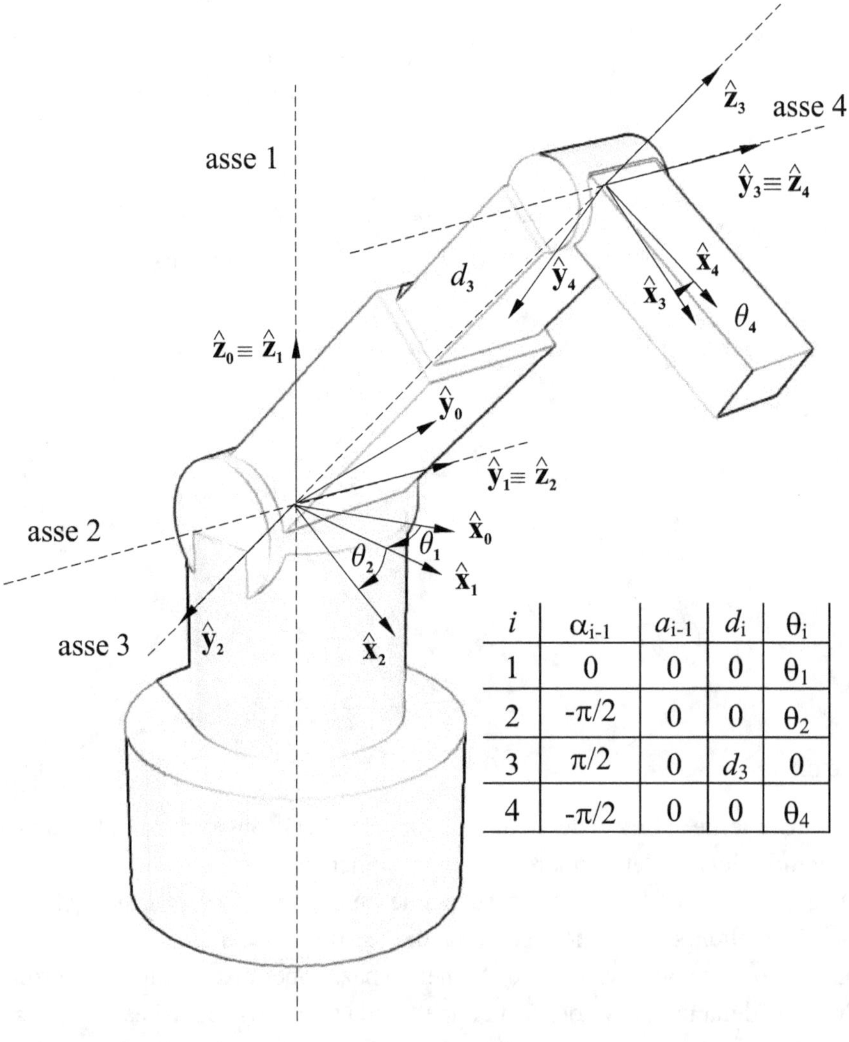

i	α_{i-1}	a_{i-1}	d_i	θ_i
1	0	0	0	θ_1
2	$-\pi/2$	0	0	θ_2
3	$\pi/2$	0	d_3	0
4	$-\pi/2$	0	0	θ_4

2) La matrice di trasformazione omogenea $^0_4\mathbf{T}(\theta_1, \theta_2, d_3, \theta_4)$.

$$
{}^0_1\mathbf{T} = \begin{bmatrix} c_1 & -s_1 & 0 & 0 \\ s_1 & c_1 & 0 & 0 \\ 0 & 0 & 1 & 0 \\ 0 & 0 & 0 & 1 \end{bmatrix} \quad {}^1_2\mathbf{T} = \begin{bmatrix} c_2 & -s_2 & 0 & 0 \\ 0 & 0 & 1 & 0 \\ -s_2 & -c_2 & 0 & 0 \\ 0 & 0 & 0 & 1 \end{bmatrix}
$$

$$ {}^2_3\mathbf{T} = \begin{bmatrix} 1 & 0 & 0 & 0 \\ 0 & 0 & -1 & -d_3 \\ 0 & 1 & 0 & 0 \\ 0 & 0 & 0 & 1 \end{bmatrix} \quad {}^3_4\mathbf{T} = \begin{bmatrix} \mathrm{c}_4 & -\mathrm{s}_4 & 0 & 0 \\ 0 & 0 & 1 & 0 \\ -\mathrm{s}_4 & -\mathrm{c}_4 & 0 & 0 \\ 0 & 0 & 0 & 1 \end{bmatrix} $$

$$ {}^0_2\mathbf{T} = \begin{bmatrix} \mathrm{c}_1\mathrm{c}_2 & -\mathrm{c}_1\mathrm{s}_2 & -\mathrm{s}_1 & 0 \\ \mathrm{s}_1\mathrm{c}_2 & -\mathrm{s}_1\mathrm{s}_2 & \mathrm{c}_1 & 0 \\ -\mathrm{s}_2 & -\mathrm{c}_2 & 0 & 0 \\ 0 & 0 & 0 & 1 \end{bmatrix} \quad {}^2_4\mathbf{T} = \begin{bmatrix} \mathrm{c}_4 & -\mathrm{s}_4 & 0 & 0 \\ \mathrm{s}_4 & \mathrm{c}_4 & 0 & -d_3 \\ 0 & 0 & 1 & 0 \\ 0 & 0 & 0 & 1 \end{bmatrix} $$

$$ {}^0_4\mathbf{T} = \begin{bmatrix} \mathrm{c}_1\mathrm{c}_2\mathrm{c}_4 - \mathrm{c}_1\mathrm{s}_2\mathrm{s}_4 & -\mathrm{c}_1\mathrm{c}_2\mathrm{s}_4 - \mathrm{c}_1\mathrm{s}_2\mathrm{c}_4 & -\mathrm{s}_1 & \mathrm{c}_1\mathrm{s}_2 d_3 \\ \mathrm{s}_1\mathrm{c}_2\mathrm{c}_4 - \mathrm{s}_1\mathrm{s}_2\mathrm{s}_4 & -\mathrm{s}_1\mathrm{c}_2\mathrm{s}_4 - \mathrm{s}_1\mathrm{s}_2\mathrm{c}_4 & \mathrm{c}_1 & \mathrm{s}_1\mathrm{s}_2 d_3 \\ -\mathrm{s}_2\mathrm{c}_4 - \mathrm{c}_2\mathrm{s}_4 & \mathrm{s}_2\mathrm{s}_4 - \mathrm{c}_2\mathrm{c}_4 & 0 & \mathrm{c}_2 d_3 \\ 0 & 0 & 0 & 1 \end{bmatrix} = $$

$$ = \begin{bmatrix} \mathrm{c}_1\mathrm{c}_{24} & -\mathrm{c}_1\mathrm{s}_{24} & -\mathrm{s}_1 & \mathrm{c}_1\mathrm{s}_2 d_3 \\ \mathrm{s}_1\mathrm{c}_{24} & -\mathrm{s}_1\mathrm{s}_{24} & \mathrm{c}_1 & \mathrm{s}_1\mathrm{s}_2 d_3 \\ -\mathrm{s}_{24} & -\mathrm{c}_{24} & 0 & \mathrm{c}_2 d_3 \\ 0 & 0 & 0 & 1 \end{bmatrix} . $$

3) La matrice di trasformazione omogenea ${}^0_4T(x, y, z, \alpha, \beta, \gamma)$.

Per ricavare la matrice di trasformazione omogenea ${}^0_4T(x, y, z, \alpha, \beta, \gamma)$ si, valuta innanzi, tutto la matrice di rotazione associata alla forma minima dell'orientamento

$$ \begin{aligned} \mathbf{R}_{z'x'y'}(\alpha, \beta, \gamma) &= \mathbf{R}_z(\alpha)\mathbf{R}_x(\beta)\mathbf{R}_y(\gamma) = \\ &= \begin{bmatrix} \mathrm{c}_\alpha & -\mathrm{s}_\alpha & 0 \\ \mathrm{s}_\alpha & \mathrm{c}_\alpha & 0 \\ 0 & 0 & 1 \end{bmatrix} \begin{bmatrix} 1 & 0 & 0 \\ 0 & \mathrm{c}_\beta & -\mathrm{s}_\beta \\ 0 & \mathrm{s}_\beta & \mathrm{c}_\beta \end{bmatrix} \begin{bmatrix} \mathrm{c}_\gamma & 0 & \mathrm{s}_\gamma \\ 0 & 1 & 0 \\ -\mathrm{s}_\gamma & 0 & \mathrm{c}_\gamma \end{bmatrix} = \\ &= \begin{bmatrix} \mathrm{c}_\alpha & -\mathrm{s}_\alpha\mathrm{c}_\beta & \mathrm{s}_\alpha\mathrm{s}_\beta \\ \mathrm{s}_\alpha & \mathrm{c}_\alpha\mathrm{c}_\beta & -\mathrm{c}_\alpha\mathrm{s}_\beta \\ 0 & \mathrm{s}_\beta & \mathrm{c}_\beta \end{bmatrix} \begin{bmatrix} \mathrm{c}_\gamma & 0 & \mathrm{s}_\gamma \\ 0 & 1 & 0 \\ -\mathrm{s}_\gamma & 0 & \mathrm{c}_\gamma \end{bmatrix} = \\ &= \begin{bmatrix} \mathrm{c}_\alpha\mathrm{c}_\gamma - \mathrm{s}_\alpha\mathrm{s}_\beta\mathrm{s}_\gamma & -\mathrm{s}_\alpha\mathrm{c}_\beta & \mathrm{c}_\alpha\mathrm{s}_\gamma + \mathrm{s}_\alpha\mathrm{s}_\beta\mathrm{c}_\gamma \\ \mathrm{s}_\alpha\mathrm{c}_\gamma + \mathrm{c}_\alpha\mathrm{s}_\beta\mathrm{s}_\gamma & \mathrm{c}_\alpha\mathrm{c}_\beta & \mathrm{s}_\alpha\mathrm{s}_\gamma - \mathrm{c}_\alpha\mathrm{s}_\beta\mathrm{c}_\gamma \\ -\mathrm{c}_\beta\mathrm{s}_\gamma & \mathrm{s}_\beta & \mathrm{c}_\beta\mathrm{c}_\gamma \end{bmatrix} . \end{aligned} $$

Il passo successivo è immediato

$$ {}^0_4\mathbf{T}(x, y, z, \alpha, \beta, \gamma) = \begin{bmatrix} \mathrm{c}_\alpha\mathrm{c}_\gamma - \mathrm{s}_\alpha\mathrm{s}_\beta\mathrm{s}_\gamma & -\mathrm{s}_\alpha\mathrm{c}_\beta & \mathrm{c}_\alpha\mathrm{s}_\gamma + \mathrm{s}_\alpha\mathrm{s}_\beta\mathrm{c}_\gamma & x \\ \mathrm{s}_\alpha\mathrm{c}_\gamma + \mathrm{c}_\alpha\mathrm{s}_\beta\mathrm{s}_\gamma & \mathrm{c}_\alpha\mathrm{c}_\beta & \mathrm{s}_\alpha\mathrm{s}_\gamma - \mathrm{c}_\alpha\mathrm{s}_\beta\mathrm{c}_\gamma & y \\ -\mathrm{c}_\beta\mathrm{s}_\gamma & \mathrm{s}_\beta & \mathrm{c}_\beta\mathrm{c}_\gamma & z \\ 0 & 0 & 0 & 1 \end{bmatrix} . $$

4) Soluzione della cinematica diretta.

Dal confronto dei termini (3,3) delle due matrici di trasformazione omogenea si deduce che una delle due seguenti condizioni risulta essere verificata: $\mathrm{c}_\beta = 0$ oppure $\mathrm{c}_\gamma = 0$.

L'ipotesi $c_\beta = 0$ è da scartarsi in quanto, in tale eventualità, si avrebbe che $s_\beta = \pm 1$ e, dunque, l'elemento (3,2) della matrice ${}^0_4\mathbf{T}(\theta_1, \theta_2, d_3, \theta_4)$ dovrebbe essere costante e pari a ± 1. Si può concludere che

$$c_\gamma = 0 \implies \gamma = \pm\pi/2 \, .$$

Si consideri per prima la soluzione in cui $\gamma = \pi/2$. Per questa prima soluzione la matrice ${}^0_4\mathbf{T}(x, y, z, \alpha, \beta, \gamma)$ diviene

$$ {}^0_4\mathbf{T}(x, y, z, \alpha, \beta) = \begin{bmatrix} -s_\alpha s_\beta & -s_\alpha c_\beta & c_\alpha & x \\ +c_\alpha s_\beta & c_\alpha c_\beta & s_\alpha & y \\ -c_\beta & s_\beta & 0 & z \\ 0 & 0 & 0 & 1 \end{bmatrix} $$

Tornando a confrontare questa matrice con la sua omologa nello spazio dei giunti, si ricava

$$ \begin{cases} -s_1 = c_\alpha \\ c_1 = s_\alpha \end{cases} \Rightarrow \quad \alpha = \theta_1 + \pi/2 $$

$$ \begin{cases} s_{24} = c_\beta \\ -c_{24} = s_\beta \end{cases} \Rightarrow \quad \beta = \theta_2 + \theta_4 - \pi/2 $$

e, pertanto,

$$ \mathbf{x} = \begin{bmatrix} c_1 s_2 d_3 \\ s_1 s_2 d_3 \\ c_2 d_3 \\ \theta_1 + \pi/2 \\ \theta_2 + \theta_4 - \pi/2 \\ \pi/2 \end{bmatrix} . $$

Per ottenere la seconda soluzione si consideri $\gamma = -\pi/2$. La matrice ${}^0_4\mathbf{T}(x, y, z, \alpha, \beta, \gamma)$ diviene

$$ {}^0_4\mathbf{T}(x, y, z, \alpha, \beta) = \begin{bmatrix} s_\alpha s_\beta & -s_\alpha c_\beta & -c_\alpha & x \\ -c_\alpha s_\beta & c_\alpha c_\beta & -s_\alpha & y \\ c_\beta & s_\beta & 0 & z \\ 0 & 0 & 0 & 1 \end{bmatrix} $$

Dal confronto di questa matrice con la sua omologa nello spazio dei giunti si ricava

$$ \begin{cases} s_1 = c_\alpha \\ c_1 = -s_\alpha \end{cases} \Rightarrow \quad \alpha = \theta_1 - \pi/2 $$

$$ \begin{cases} -s_{24} = c_\beta \\ -c_{24} = s_\beta \end{cases} \Rightarrow \quad \beta = -\theta_2 - \theta_4 - \pi/2 $$

e, pertanto,

$$\mathbf{x} = \begin{bmatrix} c_1 s_2 d_3 \\ s_1 s_2 d_3 \\ c_2 d_3 \\ \theta_1 - \pi/2 \\ -\theta_2 - \theta_4 - \pi/2 \\ -\pi/2 \end{bmatrix}.$$

5) Dimensione minima dello spazio operativo.

La soluzione della cinematica diretta suggerisce che la dimensione minima dello spazio operativo sia minore di sei, in quanto la variabile γ della notazione minima è sempre costante.

Assumendo $\theta_2 \in [0, \pi]$, l'ordine minimo dello spazio operativo risulta pari a quattro. È infatti possibile definire la posizione della terna utensile attraverso le tre coordinate cartesiane x, y e z, mentre il suo orientamento può essere descritto mediante un angolo Φ tra il versore $\hat{\mathbf{x}}_1$ e il versore $\hat{\mathbf{x}}_4$. Il segno dell'angolo Φ è determinato dall'orientamento del versore $\hat{\mathbf{z}}_4$.

Esercizio 2.

Sia dato il manipolatore RRRP riportato in figura.

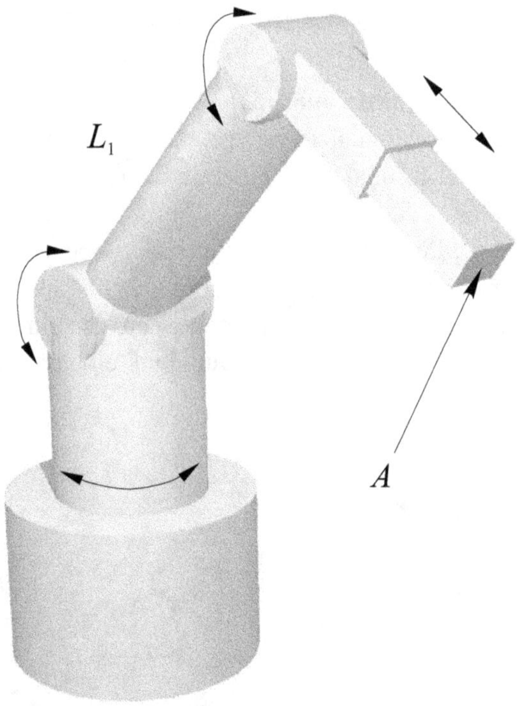

Si chiede di:

1. Fissare le terne ai bracci del manipolatore usando la convenzione di Denavit-Hartenberg modificata, ponendo l'origine dell'ultima terna in corrispondenza del punto A indicato in figura. Determinare i parametri cinematici;
2. Determinare la matrice di trasformazione omogenea ${}^0_4\mathbf{T}(\theta_1, \theta_2, \theta_3, d_4)$, dove $\{0\}$ e $\{4\}$ denotano rispettivamente la terna di base e la terna di polso;
3. Il manipolatore può essere descritto nello spazio operativo tramite le coordinate dell'origine della terna $\{4\}$ descritta rispetto alla terna $\{0\}$ (coordinate x, y e z) e un angolo $\Phi \in [-\pi/2, \pi/2]$ tra il versore $\hat{\mathbf{x}}_1$ e il versore $\hat{\mathbf{z}}_4$ il cui segno è definito dal versore $\hat{\mathbf{z}}_2$: determinare la matrice di trasformazione omogenea ${}^0_4\mathbf{T}(x, y, z, \Phi)$ ipotizzando che $\theta_2 \in [-\pi/2, \pi/2]$;
4. Risolvere la cinematica inversa del manipolatore.

Soluzione.

1) Terne e parametri cinematici.

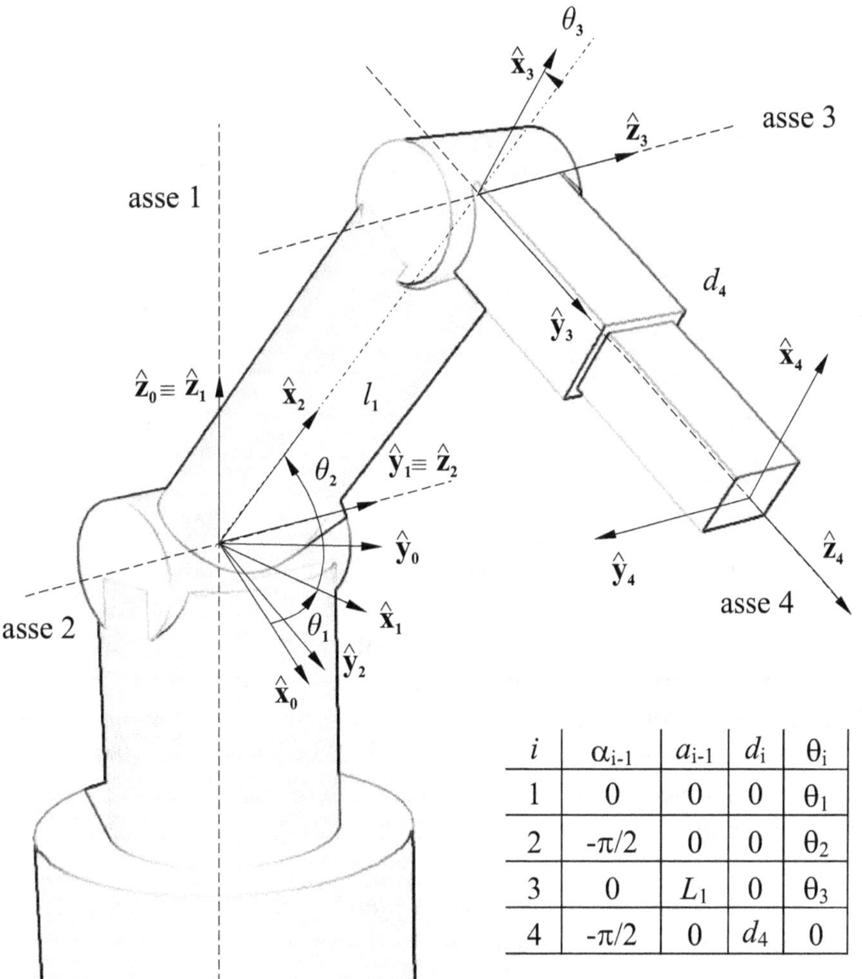

i	α_{i-1}	a_{i-1}	d_i	θ_i
1	0	0	0	θ_1
2	$-\pi/2$	0	0	θ_2
3	0	L_1	0	θ_3
4	$-\pi/2$	0	d_4	0

2) La matrice di trasformazione omogenea ${}^0_4\mathbf{T}(\theta_1, \theta_2, \theta_3, d_4)$.

$$
{}^0_1\mathbf{T} = \begin{bmatrix} c_1 & -s_1 & 0 & 0 \\ s_1 & c_1 & 0 & 0 \\ 0 & 0 & 1 & 0 \\ 0 & 0 & 0 & 1 \end{bmatrix} \qquad {}^1_2\mathbf{T} = \begin{bmatrix} c_2 & -s_2 & 0 & 0 \\ 0 & 0 & 1 & 0 \\ -s_2 & -c_2 & 0 & 0 \\ 0 & 0 & 0 & 1 \end{bmatrix}
$$

$$
{}^2_3\mathbf{T} = \begin{bmatrix} c_3 & -s_3 & 0 & L_1 \\ s_3 & c_3 & 0 & 0 \\ 0 & 0 & 1 & 0 \\ 0 & 0 & 0 & 1 \end{bmatrix} \qquad {}^3_4\mathbf{T} = \begin{bmatrix} 1 & 0 & 0 & 0 \\ 0 & 0 & 1 & d_4 \\ 0 & -1 & 0 & 0 \\ 0 & 0 & 0 & 1 \end{bmatrix}
$$

$$
{}^0_2\mathbf{T} = \begin{bmatrix} c_1c_2 & -c_1s_2 & -s_1 & 0 \\ s_1c_2 & -s_1s_2 & c_1 & 0 \\ -s_2 & -c_2 & 0 & 0 \\ 0 & 0 & 0 & 1 \end{bmatrix} \qquad {}^2_4\mathbf{T} = \begin{bmatrix} c_3 & 0 & -s_3 & -s_3d_4 + L_1 \\ s_3 & 0 & c_3 & c_3d_4 \\ 0 & -1 & 0 & 0 \\ 0 & 0 & 0 & 1 \end{bmatrix}
$$

$$
{}^0_4\mathbf{T} = \begin{bmatrix} c_1c_2c_3 - c_1s_2s_3 & s_1 & -c_1c_2s_3 - c_1s_2c_3 & -c_1c_2s_3d_4 - c_1s_2c_3d_4 + c_1c_2L_1 \\ s_1c_2c_3 - s_1s_2s_3 & -c_1 & -s_1c_2s_3 - s_1s_2c_3 & -s_1c_2s_3d_4 - s_1s_2c_3d_4 + s_1c_2L_1 \\ -s_2c_3 - c_2s_3 & 0 & s_2s_3 - c_2c_3 & s_2s_3d_4 - c_2c_3d_4 - s_2L_1 \\ 0 & 0 & 0 & 1 \end{bmatrix} =
$$

$$
= \begin{bmatrix} c_1c_{23} & s_1 & -c_1s_{23} & c_1(-s_{23}d_4 + c_2L_1) \\ s_1c_{23} & -c_1 & -s_1s_{23} & s_1(-s_{23}d_4 + c_2L_1) \\ -s_{23} & 0 & -c_{23} & -c_{23}d_4 - s_2L_1 \\ 0 & 0 & 0 & 1 \end{bmatrix}
$$

3) La matrice di trasformazione omogenea ${}^0_4\mathbf{T}(x, y, z, \Phi)$.

Si ricavi per prima la matrice di rotazione, esprimendola in funzione delle variabili dello spazio operativo. È possibile ottenere l'orientamento della terna $\{4\}$ attraverso tre rotazioni per assi mobili. La prima rotazione dovrà avvenire attorno all'asse $\hat{\mathbf{z}}_0$, in modo da allineare la terna corrente con la terna $\{1\}$. In pratica, sarà necessario compiere una rotazione pari a θ_1. Non potendo tuttavia esprimere la matrice di rotazione in funzione delle variabili di giunto, è necessario esprimere θ_1 come funzione delle variabili dello spazio operativo. In figura 1.1 è riportata una vista schematica dall'alto del manipolatore. È immediato constatare che $\cos(\theta_1) = c_1 = x/\sqrt{x^2 + y^2}$ e che $\sin(\theta_1) = s_1 = y/\sqrt{x^2 + y^2}$. Teoricamente, lo stesso punto (x, y) potrebbe essere raggiunto anche con il manipolatore disposto in maniera differente e, dunque, con valori di $\cos(\theta_1)$ e per il $\sin(\theta_1)$ diversi da quelli appena ricavati. In particolare, si possono avere gli stessi valori di x e y con la terna $\{1\}$ ruotata di π rispetto al caso precedente e con i bracci 2 e 3 riversi all'indietro. Per tale configurazione, il coseno ed il seno di θ_1 valgono rispettivamente $\cos(\theta_1) = c_1 = -x/\sqrt{x^2 + y^2}$ e $\sin(\theta_1) = s_1 = -y/\sqrt{x^2 + y^2}$. I limiti assegnati su θ_2 e Φ pongono questa postura del manipolatore al di fuori dello spazio di lavoro e, pertanto, essa non verrà considerata nel seguito.

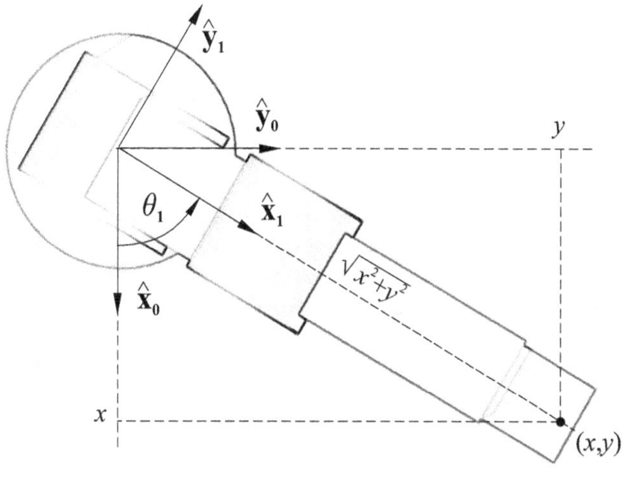

Figura 1.1 Proiezione sul piano orizzontale delle terne del manipolatore.

La prima matrice di rotazione sarà espressa come

$$\mathbf{R}_z(\theta_1) := \begin{bmatrix} c_1 & -s_1 & 0 \\ s_1 & c_1 & 0 \\ 0 & 0 & 1 \end{bmatrix} \Rightarrow \mathbf{R}_z(x,y) := \begin{bmatrix} \frac{x}{\sqrt{x^2+y^2}} & \frac{-y}{\sqrt{x^2+y^2}} & 0 \\ \frac{y}{\sqrt{x^2+y^2}} & \frac{x}{\sqrt{x^2+y^2}} & 0 \\ 0 & 0 & 1 \end{bmatrix}.$$

La seconda rotazione serve ad allineare l'asse $\hat{\mathbf{z}}$ della terna corrente con l'asse $\hat{\mathbf{z}}_4$. L'asse corrente $\hat{\mathbf{z}}$ è disposto verticalmente e, quindi, come si può dedurre osservando la figura 1.2 in cui è riportata una vista laterale del manipolatore, è necessario compiere una rotazione pari a $\Phi + \pi/2$ attorno all'asse $\hat{\mathbf{y}}$ corrente

$$\mathbf{R}_y(\Phi) := \begin{bmatrix} c(\Phi + \frac{\pi}{2}) & 0 & s(\Phi + \frac{\pi}{2}) \\ 0 & 1 & 0 \\ -s(\Phi + \frac{\pi}{2}) & 0 & c(\Phi + \frac{\pi}{2}) \end{bmatrix} = \begin{bmatrix} -s_\Phi & 0 & c_\Phi \\ 0 & 1 & 0 \\ -c_\Phi & 0 & -s_\Phi \end{bmatrix}.$$

Per finire, un'ultima rotazione pari a π attorno all'asse $\hat{\mathbf{z}}$ corrente permette di allinearsi completamente con la terna $\{4\}$

$$\mathbf{R}_z(\pi) := \begin{bmatrix} -1 & 0 & 0 \\ 0 & -1 & 0 \\ 0 & 0 & 1 \end{bmatrix}.$$

La matrice di rotazione $\mathbf{R}(x, y, \Phi)$ sarà data dal prodotto

$$\begin{aligned} {}^0_4\mathbf{R}(x,y,\Phi) &= \mathbf{R}_z(x,y)\mathbf{R}_y(\Phi)\mathbf{R}_z(\pi) = \\ &= \begin{bmatrix} \frac{x}{\sqrt{x^2+y^2}} s_\Phi & \frac{y}{\sqrt{x^2+y^2}} & \frac{x}{\sqrt{x^2+y^2}} c_\Phi \\ \frac{y}{\sqrt{x^2+y^2}} s_\Phi & \frac{-x}{\sqrt{x^2+y^2}} & \frac{y}{\sqrt{x^2+y^2}} c_\Phi \\ c_\Phi & 0 & -s_\Phi \end{bmatrix} \end{aligned}$$

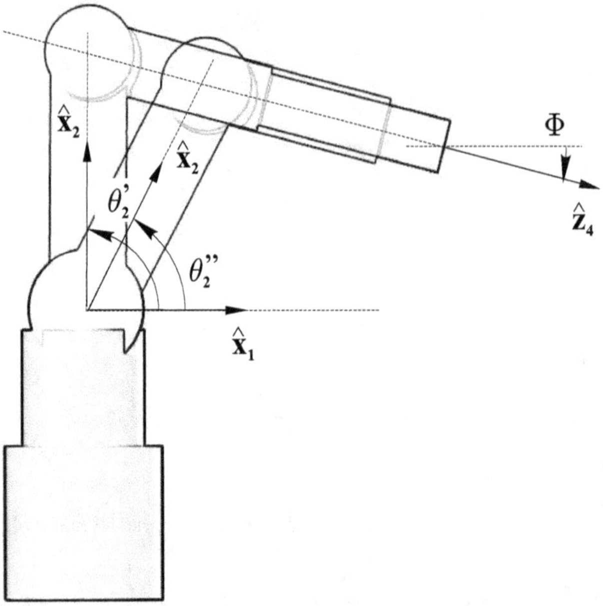

Figura 1.2 Le due soluzioni della cinematica inversa corrispondenti ad un unico valore di Φ.

e, quindi,

$$
{}^0_4\mathbf{T}(x,y,z,\Phi) = \begin{bmatrix} \frac{x}{\sqrt{x^2+y^2}}\,\mathrm{s}_\Phi & \frac{y}{\sqrt{x^2+y^2}} & \frac{x}{\sqrt{x^2+y^2}}\,\mathrm{c}_\Phi & x \\ \frac{y}{\sqrt{x^2+y^2}}\,\mathrm{s}_\Phi & \frac{-x}{\sqrt{x^2+y^2}} & \frac{y}{\sqrt{x^2+y^2}}\,\mathrm{c}_\Phi & y \\ \mathrm{c}_\Phi & 0 & -\mathrm{s}_\Phi & z \\ 0 & 0 & 0 & 1 \end{bmatrix} .
$$

4) Soluzione della cinematica inversa.

Dal confronto tra le due matrici di trasformazione omogenea si ricavano le seguenti espressioni

$$
\mathrm{s}_1 = \frac{y}{\sqrt{x^2+y^2}} ; \tag{1.1}
$$

$$
\mathrm{c}_1 = \frac{x}{\sqrt{x^2+y^2}} ; \tag{1.2}
$$

$$
\mathrm{s}_{23} = -\mathrm{c}_\Phi ; \tag{1.3}
$$

$$
\mathrm{c}_{23} = \mathrm{s}_\Phi ; \tag{1.4}
$$

$$
-\mathrm{c}_1\mathrm{s}_{23}d_4 + \mathrm{c}_1\mathrm{c}_2L_1 = x ; \tag{1.5}
$$

$$
-\mathrm{s}_1\mathrm{s}_{23}d_4 + \mathrm{s}_1\mathrm{c}_2L_1 = y ; \tag{1.6}
$$

$$
-\mathrm{c}_{23}d_4 - \mathrm{s}_2L_1 = z . \tag{1.7}
$$

Dalle prime due relazioni si ottiene

$$\theta_1 = \mathrm{Atan2}(\frac{y}{\sqrt{x^2+y^2}}, \frac{x}{\sqrt{x^2+y^2}}) = \mathrm{Atan2}(y, x)\ .$$

Sottraendo tra loro le relazioni ottenute moltiplicando la (1.5) per c_{23} e la (1.7) per $\mathrm{c}_1\mathrm{s}_{23}$, si ricava

$$\mathrm{c}_1\mathrm{c}_{23}L_1\mathrm{c}_2 + \mathrm{c}_1\mathrm{s}_{23}L_1\mathrm{s}_2 = x\mathrm{c}_{23} - z\mathrm{c}_1\mathrm{s}_{23}\ .$$

Utilizzando le (1.3) e (1.4) si ottiene

$$\mathrm{c}_1\mathrm{s}_\Phi L_1\mathrm{c}_2 - \mathrm{c}_1\mathrm{c}_\Phi L_1\mathrm{s}_2 = x\mathrm{s}_\Phi + z\mathrm{c}_1\mathrm{c}_\Phi\ .$$

Ponendo $a = \mathrm{c}_1\,\mathrm{s}_\Phi\,L_1$, $b = -\mathrm{c}_1\,\mathrm{c}_\Phi\,L_1$ e $c = x\,\mathrm{s}_\Phi + z\,\mathrm{c}_1\mathrm{c}_\Phi$ si ricava una relazione del tipo $a\,\mathrm{c}_2 + b\,\mathrm{s}_2 = c$. Poiché a, b e c sono termini noti, si può risolvere l'equazione in funzione di θ_2 usando la nota tecnica di trasformazione di un'equazione trascendente in una equazione polinomiale

$$\theta_2 = 2\mathrm{Atan}\left(\frac{b \pm \sqrt{b^2+a^2-c^2}}{a+c}\right)\ .$$

Da questa relazione si può dedurre che la cinematica inversa ammette due soluzioni dovute alle due configurazioni del manipolatore riportate in figura 1.2. Dalle (1.3) e (1.4) si ricava

$$\theta_2 + \theta_3 + \pi/2 = \Phi \quad \Longrightarrow \quad \theta_3 = -\theta_2 - \pi/2 + \Phi\ .$$

Visto che θ_2 ammette due soluzioni, vi saranno due soluzioni anche per θ_3. Per finire, dalla (1.7) si ricava

$$d_4 = -\frac{z + \mathrm{s}_2L_1}{\mathrm{c}_{23}} = -\frac{z + \mathrm{s}_2L_1}{\mathrm{s}_\Phi}\ .$$

Se $\mathrm{s}_\Phi = 0$, allora d_4 può essere calcolata dalla (1.5)

$$d_4 = \frac{\mathrm{c}_1\mathrm{c}_2L_1 - x}{\mathrm{c}_1\mathrm{s}_{23}} = -\frac{\mathrm{c}_1\mathrm{c}_2L_1 - x}{\mathrm{c}_1\mathrm{c}_\Phi}\ .$$

Se anche $\mathrm{c}_1 = 0$, allora dalla (1.6) si ottiene

$$d_4 = \frac{\mathrm{s}_1\mathrm{c}_2L_1 - y}{\mathrm{s}_1\mathrm{s}_{23}} = -\frac{\mathrm{s}_1\mathrm{c}_2L_1 - y}{\mathrm{s}_1\mathrm{c}_\Phi}\ .$$

La soluzione proposta per d_4, pur essendo formalmente corretta, costringe a considerare diversi casi singolari. Un modo più elegante per risolvere il problema richiede di elaborare nuovamente le (1.5)–(1.7). Si sommi il risultato del prodotto tra la (1.5) e c_1 ed il prodotto della (1.6) per s_1

$$\begin{array}{r} -\mathrm{c}_1^2\mathrm{s}_{23}d_4 + \mathrm{c}_1^2\mathrm{c}_2L_1 = x\mathrm{c}_1 \\ -\mathrm{s}_1^2\mathrm{s}_{23}d_4 + \mathrm{s}_1^2\mathrm{c}_2L_1 = y\mathrm{s}_1 \\ \hline -\mathrm{s}_{23}d_4 + \mathrm{c}_2L_1 = x\mathrm{c}_1 + y\mathrm{s}_1 \end{array}\ .$$

Tenendo conto delle (1.1) e (1.2) si ottiene

$$-\mathrm{s}_{23}d_4 + \mathrm{c}_2 L_1 = \frac{x^2}{\sqrt{x^2+y^2}} + \frac{y^2}{\sqrt{x^2+y^2}} = \sqrt{x^2+y^2}\ .$$

Si moltiplichi questa espressione per $-\mathrm{s}_{23}$ e la si sommi alla (1.7) moltiplicata per $-\mathrm{c}_{23}$

$$\begin{array}{c} \mathrm{s}_{23}^2 d_4 - \mathrm{c}_2\mathrm{s}_{23}L_1 = -\sqrt{x^2+y^2}\,\mathrm{s}_{23} \\ \mathrm{c}_{23}^2 d_4 + \mathrm{s}_2\mathrm{c}_{23}L_1 = -z\,\mathrm{c}_{23} \\ \hline d_4 + (\mathrm{s}_2\mathrm{c}_{23} - \mathrm{c}_2\mathrm{s}_{23})L_1 = -\sqrt{x^2+y^2}\,\mathrm{s}_{23} - z\mathrm{c}_{23} \\ \Downarrow \\ d_4 = \mathrm{s}_3 L_1 + \sqrt{x^2+y^2}\,\mathrm{c}_\Phi - z\mathrm{s}_\Phi\ . \end{array}$$

La nuova soluzione proposta non ammette casi singolari. Vista la presenza di due soluzioni distinte per θ_3, si avranno due soluzioni anche per d_4.

Esercizio 3.

Sia dato il manipolatore RPRP riportato in figura.

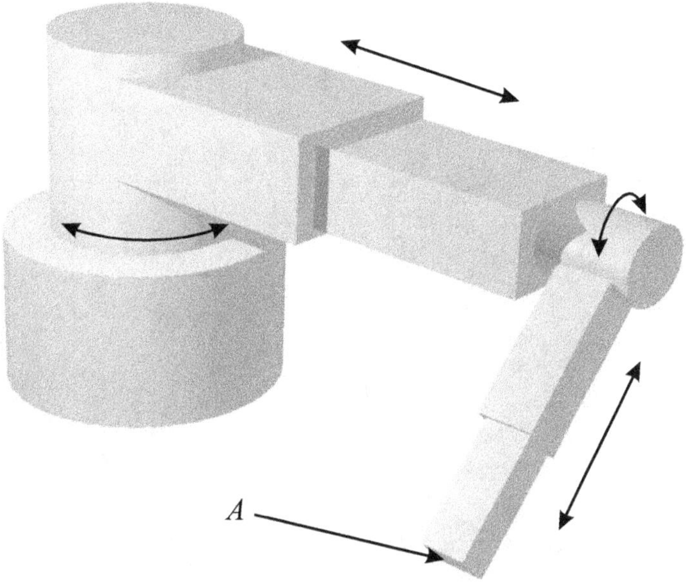

Si chiede di:

1. Fissare le terne ai bracci del manipolatore usando la convenzione di Denavit-Hartenberg modificata, ponendo l'origine dell'ultima terna nel punto A indicato in figura. Determinare i parametri cinematici;
2. Determinare la matrice di trasformazione omogenea ${}^0_4\mathbf{T}(\theta_1, d_2, \theta_3, d_4)$, dove $\{0\}$ e $\{4\}$ denotano rispettivamente la terna di base e la terna di polso;
3. Supponendo nota la matrice di trasformazione omogenea

$$ {}^0_4\mathbf{T} = \begin{bmatrix} r_{11} & r_{12} & r_{13} & x \\ r_{21} & r_{22} & r_{23} & y \\ r_{31} & 0 & r_{33} & z \\ 0 & 0 & 0 & 1 \end{bmatrix} $$

   valutare la cinematica inversa del manipolatore trattando anche i casi singolari.
4. Chiamato $\Phi \in (0, \pi)$ l'angolo tra il versore $\hat{\mathbf{x}}_1$ e il versore $\hat{\mathbf{z}}_4$ il cui segno è definito dal verso di $\hat{\mathbf{y}}_1$, valutare la matrice di trasformazione omogenea ${}^0_4\mathbf{T}(x, y, z, \Phi)$.
5. Valutare la cinematica inversa del manipolatore utilizzando la matrice ${}^0_4\mathbf{T}(x, y, z, \Phi)$.

Soluzione.

1) Terne e parametri cinematici.

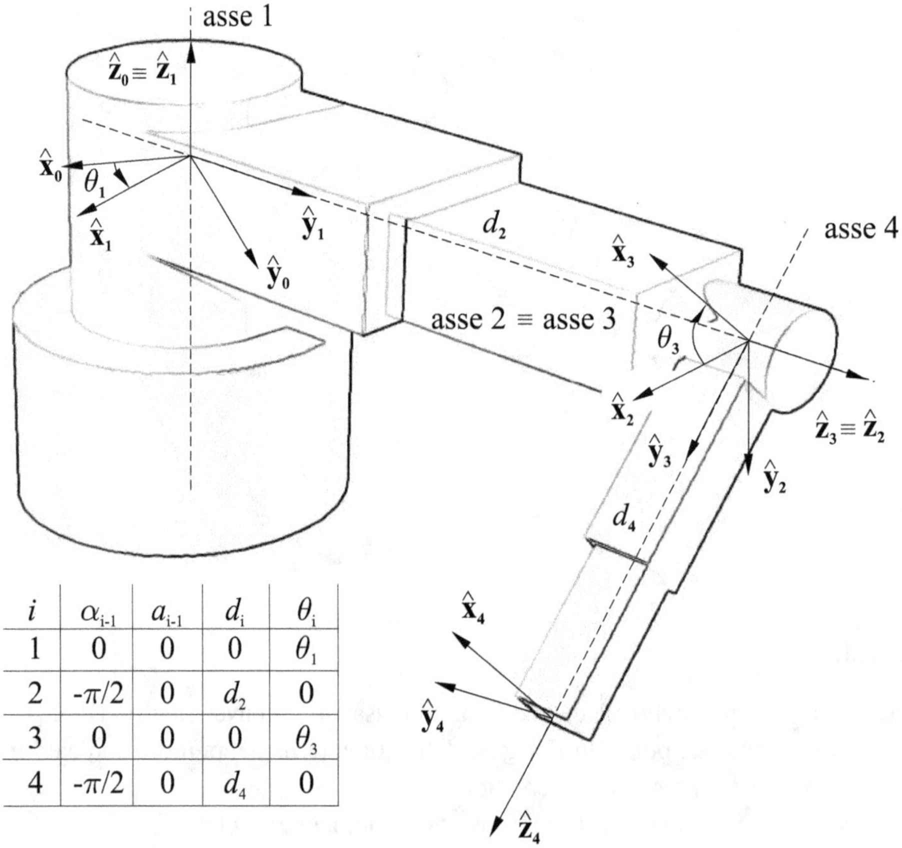

i	α_{i-1}	a_{i-1}	d_i	θ_i
1	0	0	0	θ_1
2	$-\pi/2$	0	d_2	0
3	0	0	0	θ_3
4	$-\pi/2$	0	d_4	0

2) La matrice di trasformazione omogenea ${}^0_4\mathbf{T}(\theta_1, d_2, \theta_3, d_4)$.

$$
{}^0_1\mathbf{T} = \begin{bmatrix} c_1 & -s_1 & 0 & 0 \\ s_1 & c_1 & 0 & 0 \\ 0 & 0 & 1 & 0 \\ 0 & 0 & 0 & 1 \end{bmatrix} \qquad
{}^1_2\mathbf{T} = \begin{bmatrix} 1 & 0 & 0 & 0 \\ 0 & 0 & 1 & d_2 \\ 0 & -1 & 0 & 0 \\ 0 & 0 & 0 & 1 \end{bmatrix}
$$

$$
{}^2_3\mathbf{T} = \begin{bmatrix} c_3 & -s_3 & 0 & 0 \\ s_3 & c_3 & 0 & 0 \\ 0 & 0 & 1 & 0 \\ 0 & 0 & 0 & 1 \end{bmatrix} \qquad
{}^3_4\mathbf{T} = \begin{bmatrix} 1 & 0 & 0 & 0 \\ 0 & 0 & 1 & d_4 \\ 0 & -1 & 0 & 0 \\ 0 & 0 & 0 & 1 \end{bmatrix}
$$

$$
{}^0_2\mathbf{T} = \begin{bmatrix} \mathrm{c}_1 & 0 & -\mathrm{s}_1 & -\mathrm{s}_1 d_2 \\ \mathrm{s}_1 & 0 & \mathrm{c}_1 & \mathrm{c}_1 d_2 \\ 0 & -1 & 0 & 0 \\ 0 & 0 & 0 & 1 \end{bmatrix} \qquad {}^2_4\mathbf{T} = \begin{bmatrix} \mathrm{c}_3 & 0 & -\mathrm{s}_3 & -\mathrm{s}_3 d_4 \\ \mathrm{s}_3 & 0 & \mathrm{c}_3 & \mathrm{c}_3 d_4 \\ 0 & -1 & 0 & 0 \\ 0 & 0 & 0 & 1 \end{bmatrix}
$$

$$
{}^0_4\mathbf{T} = \begin{bmatrix} \mathrm{c}_1\mathrm{c}_3 & \mathrm{s}_1 & -\mathrm{c}_1\mathrm{s}_3 & -\mathrm{c}_1\mathrm{s}_3 d_4 - d_2\mathrm{s}_1 \\ \mathrm{s}_1\mathrm{c}_3 & -\mathrm{c}_1 & -\mathrm{s}_1\mathrm{s}_3 & -\mathrm{s}_1\mathrm{s}_3 d_4 + d_2\mathrm{c}_1 \\ -\mathrm{s}_3 & 0 & -\mathrm{c}_3 & -\mathrm{c}_3 d_4 \\ 0 & 0 & 0 & 1 \end{bmatrix}
$$

3) Soluzione della cinematica inversa.

Dal confronto tra le due matrici di trasformazione omogenea si ricavano le seguenti espressioni

$$
\begin{aligned}
\mathrm{s}_1 &= r_{12}\ ; && (1.8)\\
\mathrm{c}_1 &= -r_{22}\ ; && (1.9)\\
\mathrm{s}_3 &= -r_{31}\ ; && (1.10)\\
\mathrm{c}_3 &= -r_{33}\ ; && (1.11)\\
-\mathrm{c}_1\mathrm{s}_3 d_4 - d_2\mathrm{s}_1 &= x\ ; && (1.12)\\
-\mathrm{s}_1\mathrm{s}_3 d_4 + d_2\mathrm{c}_1 &= y\ ; && (1.13)\\
-\mathrm{c}_3 d_4 &= z\ . && (1.14)
\end{aligned}
$$

La valutazione di θ_1 è immediata per via delle (1.8) e (1.9)

$$
\theta_1 = \mathrm{Atan2}(\mathrm{s}_1, \mathrm{c}_1) = \mathrm{Atan2}(r_{12}, -r_{22})\ .
$$

Questa relazione non potrà mai essere singolare in quanto s_1 e c_1 (e quindi r_{12} ed r_{22}) non possono mai essere nulli simultaneamente. Se si dovesse verificare una eventualità del genere ($r_{12} = r_{22} = 0$), vorrà dire che l'orientamento assegnato non appartiene allo spazio di lavoro del manipolatore.

In modo analogo, sfruttando le (1.10) e (1.11), si ottiene

$$
\theta_3 = \mathrm{Atan2}(\mathrm{s}_3, \mathrm{c}_3) = \mathrm{Atan2}(-r_{31}, -r_{33})\ .
$$

Anche questa relazione non potrà mai essere singolare.

Dalle (1.14) e (1.11) si ottiene

$$
d_4 = -\frac{z}{\mathrm{c}_3} = \frac{z}{r_{33}}\ .
$$

Questa relazione potrebbe è singolare nel caso in cui $r_{33} = 0$. Le si preferisce pertanto una soluzione più elaborata ma che non presenta alcuna singolarità. Si considerino le (1.12) e (1.13). In particolare, moltiplicando la prima per c_1, la seconda per s_1 e sommandole si ottiene

$$\begin{array}{c} -c_1^2\, s_3\, d_4 - d_2\, s_1\, c_1 = x\, c_1 \\ -s_1^2\, s_3\, d_4 + d_2\, s_1\, c_1 = y\, s_1 \\ \hline -s_3\, d_4(c_1^2 + s_1^2) = x\, c_1 + y\, s_1 \\ \Downarrow \\ -s_3\, d_4 = x\, c_1 + y\, s_1\ . \end{array}$$

Moltiplicando questa relazione per $-s_3$ e sommandole la (1.14) moltiplicata per $-c_3$ si ricava

$$\begin{array}{l} s_3^2\, d_4 = -(x\, c_1 + y\, s_1)s_3 \\ c_3^2 d_4 = -c_3\, z \\ \hline d_4 = -(x\, c_1 + y\, s_1)s_3 - c_3\, z \\ \qquad\qquad \Downarrow \\ d_4 = (y\, r_{12} - x\, r_{22})r_{31} + z\, r_{33}\ . \end{array}$$

Ovviamente questa soluzione non è mai singolare.

Per ricavare l'ultima variabile di giunto si moltiplichi la (1.12) per $-s_1$, la (1.13) per c_1 e le si sommi

$$\begin{array}{rl} c_1\, s_1\, s_3\, d_4 + d_2\, s_1^2 & = -x\, s_1 \\ -c_1\, s_1\, s_3\, d_4 + d_2\, c_1^2 & = y\, c_1 \\ \hline d_2(c_1^2 + s_1^2) & = y\, c_1 - x\, s_1 \\ & \Downarrow \\ d_2 = y\, c_1 - x\, s_1 & = -y\, r_{22} - x\, r_{12}\ . \end{array}$$

Quest'ultima relazione non è mai singolare.

4) La matrice di trasformazione omogenea ${}^0_4\mathbf{T}(x, y, z, \Phi)$.

È possibile esprimere l'orientamento della terna $\{4\}$ attraverso tre rotazioni per assi mobili. La prima rotazione dovrà avvenire attorno all'asse $\hat{\mathbf{z}}_1$, in modo da allineare la terna $\{0\}$ con la terna $\{1\}$. In pratica, sarà necessario compiere una rotazione pari a $\gamma = \theta_1$. Non potendo esprimere la matrice di rotazione in funzione delle variabili di giunto, è necessario rappresentare γ come funzione delle variabili dello spazio operativo. In figura 1.3 è riportato un dettaglio dell'organo terminale del manipolatore. Dalla figura si deduce che $a = -z/\tan(\Phi)$. Nell'ipotesi che $\Phi \in (0, \pi)$, l'espressione appena ricavata non è mai singolare. Passando alla vista dall'alto del manipolatore riportata in figura 1.4, si verifica che l'angolo γ della rotazione è ottenibile dalla somma di α con β. In particolare $\alpha = \text{Atan2}(-x, y)$, mentre $\beta = \arcsin\left(\dfrac{a}{\sqrt{x^2+y^2}}\right) = \arcsin\left(\dfrac{-z}{\tan\Phi\,\sqrt{x^2+y^2}}\right) = -\arcsin\left(\dfrac{z}{\tan\Phi\,\sqrt{x^2+y^2}}\right)$. Nella disposizione del manipolatore considerata in figura 1.4 l'angolo α risulta positivo, mentre x è negativo (il segno degli angoli è dato dal verso di $\hat{\mathbf{z}}_0$): il segno negativo introdotto nell'espressione per il calcolo di α consente di tener conto di questo fatto. Nel caso di β i segni non sono stati modificati in quanto, nella

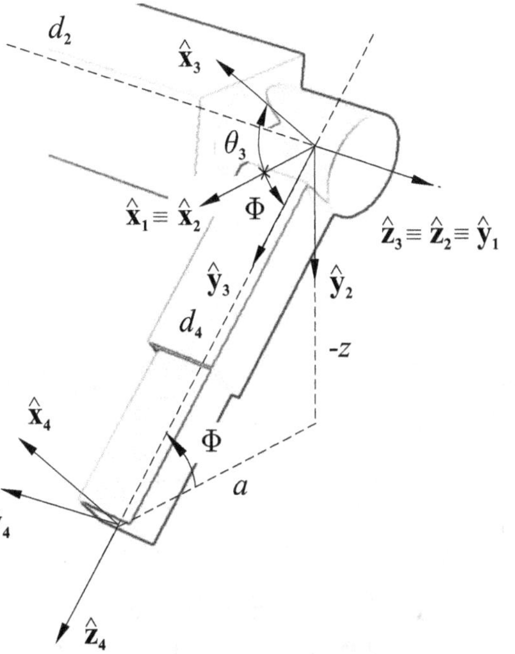

Figura 1.3 Dettaglio del manipolatore.

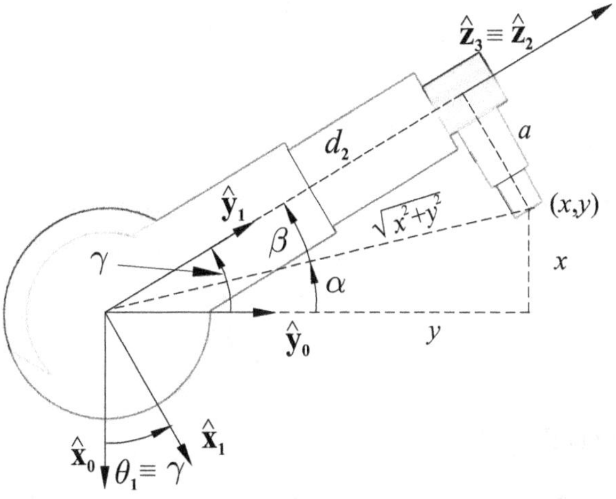

Figura 1.4 Proiezione sul piano orizzontale del manipolatore.

configurazione scelta, $a > 0$ e $\sqrt{x^2+y^2} > 0$ e, quindi, la funzione arcoseno restituisce correttamente $\beta > 0$. E' possibile dunque scrivere

$$\gamma(x,y,z,\Phi) = \alpha + \beta = \mathrm{Atan2}(-x,y) - \arcsin\left(\frac{z}{\tan\Phi\,\sqrt{x^2+y^2}}\right) \tag{1.15}$$

Di conseguenza, la prima matrice di rotazione sarà espressa come

$$\mathbf{R}_z(\gamma) := \begin{bmatrix} \mathrm{c}_\gamma & -\mathrm{s}_\gamma & 0 \\ \mathrm{s}_\gamma & \mathrm{c}_\gamma & 0 \\ 0 & 0 & 1 \end{bmatrix}.$$

La seconda rotazione avverrà attorno all'asse $\hat{\mathbf{y}}_1$ e servirà ad allineare l'asse corrente $\hat{\mathbf{z}}$ (ovvero $\hat{\mathbf{z}}_1$) con l'asse $\hat{\mathbf{z}}_4$: è necessaria una rotazione pari a $\Phi + \pi/2$.

$$\mathbf{R}_y(\Phi+\pi/2) := \begin{bmatrix} \cos\left(\Phi+\frac{\pi}{2}\right) & 0 & \sin\left(\Phi+\frac{\pi}{2}\right) \\ 0 & 1 & 0 \\ -\sin\left(\Phi+\frac{\pi}{2}\right) & 0 & \cos\left(\Phi+\frac{\pi}{2}\right) \end{bmatrix} = \begin{bmatrix} -\mathrm{s}_\Phi & 0 & \mathrm{c}_\Phi \\ 0 & 1 & 0 \\ -\mathrm{c}_\Phi & 0 & -\mathrm{s}_\Phi \end{bmatrix}.$$

La terza e ultima rotazione avverrà attorno all'asse $\hat{\mathbf{z}}$ e servirà ad allineare l'asse $\hat{\mathbf{y}}$ corrente (che è disposto orizzontalmente) con l'asse $\hat{\mathbf{y}}_4$. E' sufficiente una rotazione pari a π

$$\mathbf{R}_z(\pi) := \begin{bmatrix} \cos(\pi) & -\sin(\pi) & 0 \\ \sin(\pi) & \cos(\pi) & 0 \\ 0 & 0 & 1 \end{bmatrix} = \begin{bmatrix} -1 & 0 & 0 \\ 0 & -1 & 0 \\ 0 & 0 & 1 \end{bmatrix}.$$

La matrice di rotazione $\mathbf{R}(x,y,z,\Phi)$ sarà ricavabile dal prodotto

$$\begin{aligned} {}^0_4\mathbf{R}(x,y,z,\Phi) &= \mathbf{R}_z(x,y,z,\Phi)\mathbf{R}_y(\Phi+\pi/2)\mathbf{R}_z(\pi) = \\ &= \begin{bmatrix} \mathrm{c}_\gamma\,\mathrm{s}_\Phi & \mathrm{s}_\gamma & \mathrm{c}_\gamma\,\mathrm{c}_\Phi \\ \mathrm{s}_\gamma\,\mathrm{s}_\Phi & -\mathrm{c}_\gamma & \mathrm{s}_\gamma\,\mathrm{c}_\Phi \\ \mathrm{c}_\Phi & 0 & -\mathrm{s}_\Phi \end{bmatrix} \end{aligned}$$

e, quindi,

$${}^0_4\mathbf{T}(x,y,z,\Phi) = \left[\begin{array}{ccc|c} \mathrm{c}_\gamma\,\mathrm{s}_\Phi & \mathrm{s}_\gamma & \mathrm{c}_\gamma\,\mathrm{c}_\Phi & x \\ \mathrm{s}_\gamma\,\mathrm{s}_\Phi & -\mathrm{c}_\gamma & \mathrm{s}_\gamma\,\mathrm{c}_\Phi & y \\ \mathrm{c}_\Phi & 0 & -\mathrm{s}_\Phi & z \\ \hline 0 & 0 & 0 & 1 \end{array}\right],$$

con γ definito come nella (1.15).

5) Calcolo della cinematica inversa tramite la matrice di trasformazione omogenea ${}^0_4\mathbf{T}(x,y,z,\Phi)$.

Poiché $\theta_1 = \gamma$, l'espressione (1.15) fornisce immediatamente la soluzione per questa variabile di giunto. La soluzione non presenta singolarità visto che $\Phi \in (0,\pi)$ e dunque

$\tan(\Phi) \neq 0$ e, inoltre, il punto $x = y = 0$ è chiaramente al di fuori dello spazio di lavoro del manipolatore.

Poiché $\mathrm{s}_3 = -\mathrm{c}_\Phi$ e $\mathrm{c}_3 = \mathrm{s}_\Phi$, si ha che

$$\theta_3 = \Phi - \frac{\pi}{2} \, .$$

Le variabili d_2 e di d_4 sono ricavabili con lo stesso procedimento della soluzione precedente.

Esercizio 4.

Sia dato il manipolatore RPPR riportato in figura.

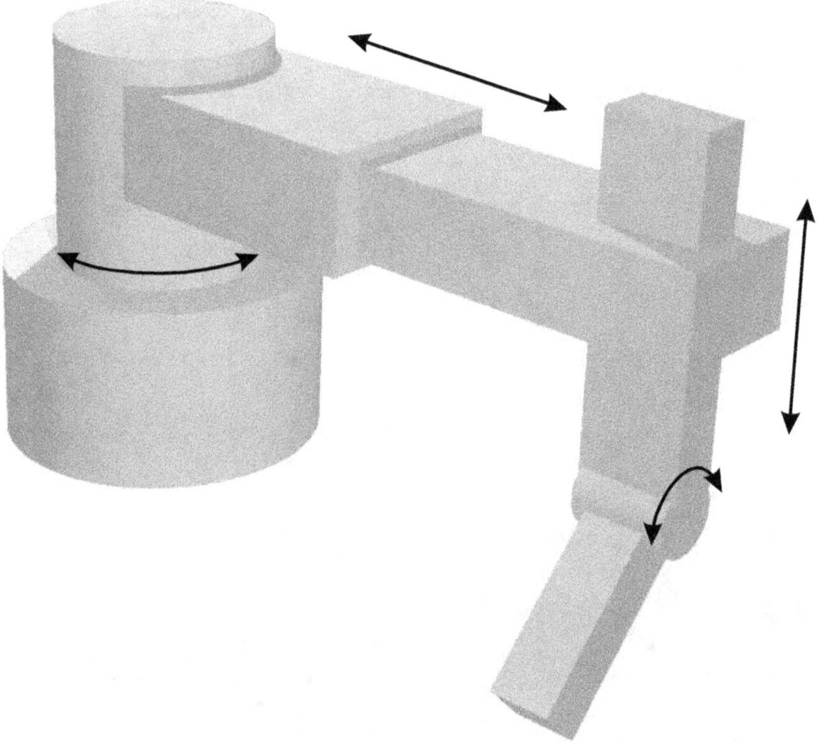

Si chiede di:

1. Fissare le terne ai bracci del manipolatore usando la convenzione di Denavit-Hartenberg modificata. Determinare i parametri cinematici.
2. Determinare la matrice di trasformazione omogenea ${}^0_4\mathbf{T}(\theta_1, d_2, d_3, \theta_4)$, dove $\{0\}$ e $\{4\}$ denotano rispettivamente la terna di base e la terna di polso.
3. Chiamato Φ l'angolo tra il versore $\hat{\mathbf{x}}_3$ e il versore $\hat{\mathbf{x}}_4$ il cui segno è definito dal verso di $\hat{\mathbf{z}}_4$, valutare la matrice di trasformazione omogenea ${}^0_4\mathbf{T}(x, y, z, \Phi)$.
4. Valutare la cinematica inversa del manipolatore trattando gli eventuali casi singolari.

Soluzione.

1) Terne e parametri cinematici.

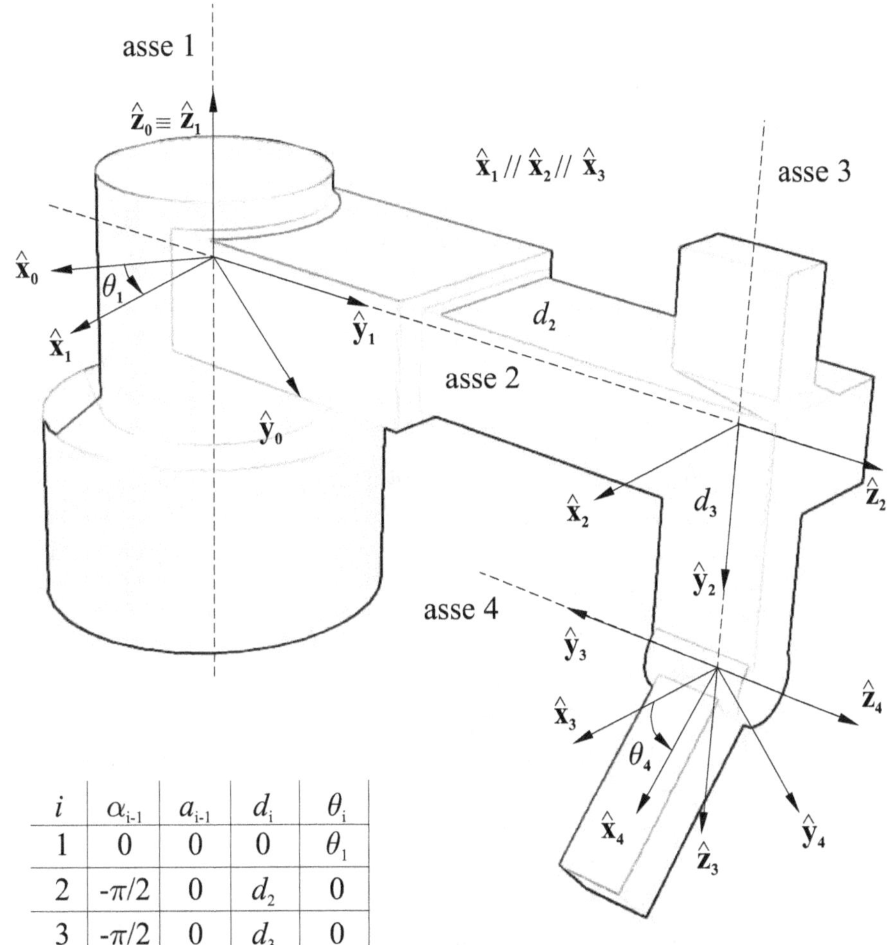

i	α_{i-1}	a_{i-1}	d_i	θ_i
1	0	0	0	θ_1
2	$-\pi/2$	0	d_2	0
3	$-\pi/2$	0	d_3	0
4	$\pi/2$	0	0	θ_4

2) La matrice di trasformazione omogenea ${}^0_4T(\theta_1, d_2, \theta_3, d_4)$.

$$
{}^0_1\mathbf{T} = \begin{bmatrix} c_1 & -s_1 & 0 & 0 \\ s_1 & c_1 & 0 & 0 \\ 0 & 0 & 1 & 0 \\ 0 & 0 & 0 & 1 \end{bmatrix} \qquad {}^1_2\mathbf{T} = \begin{bmatrix} 1 & 0 & 0 & 0 \\ 0 & 0 & 1 & d_2 \\ 0 & -1 & 0 & 0 \\ 0 & 0 & 0 & 1 \end{bmatrix}
$$

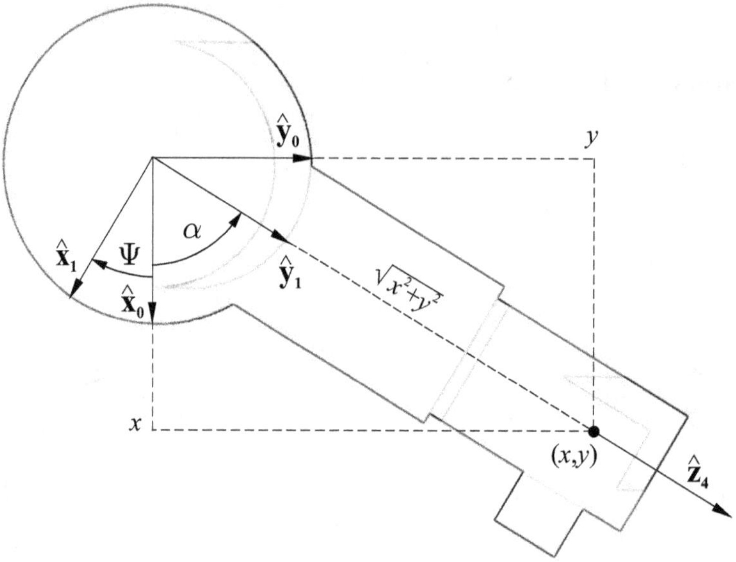

Figura 1.5 Proiezione sul piano orizzontale del manipolatore.

$$
{}^{2}_{3}\mathbf{T} = \begin{bmatrix} 1 & 0 & 0 & 0 \\ 0 & 0 & 1 & d_3 \\ 0 & -1 & 0 & 0 \\ 0 & 0 & 0 & 1 \end{bmatrix} \quad {}^{3}_{4}\mathbf{T} = \begin{bmatrix} c_4 & -s_4 & 0 & 0 \\ 0 & 0 & -1 & 0 \\ s_4 & c_4 & 0 & 0 \\ 0 & 0 & 0 & 1 \end{bmatrix}
$$

$$
{}^{0}_{2}\mathbf{T} = \begin{bmatrix} c_1 & 0 & -s_1 & -s_1 d_2 \\ s_1 & 0 & c_1 & c_1 d_2 \\ 0 & -1 & 0 & 0 \\ 0 & 0 & 0 & 1 \end{bmatrix} \quad {}^{2}_{4}\mathbf{T} = \begin{bmatrix} c_4 & -s_4 & 0 & 0 \\ s_4 & c_4 & 0 & d_3 \\ 0 & 0 & 1 & 0 \\ 0 & 0 & 0 & 1 \end{bmatrix}
$$

$$
{}^{0}_{4}\mathbf{T} = \begin{bmatrix} c_1 c_4 & -c_1 s_4 & -s_1 & -s_1 d_2 \\ s_1 c_4 & -s_1 s_4 & c_1 & c_1 d_2 \\ -s_4 & -c_4 & 0 & -d_3 \\ 0 & 0 & 0 & 1 \end{bmatrix}
$$

3) La matrice di trasformazione omogenea ${}^{0}_{4}\mathbf{T}(x, y, z, \Phi)$.

E' possibile esprimere l'orientamento della terna $\{4\}$ attraverso tre rotazioni per assi mobili. La prima rotazione dovrà avvenire attorno all'asse $\hat{\mathbf{z}}_1$, in modo da allineare la terna $\{0\}$ con la terna $\{1\}$. In pratica, sarà necessario compiere una rotazione pari a $\Psi = \theta_1$. Non potendo esprimere la matrice di rotazione in funzione delle variabili di giunto, è necessario esprimere Ψ come funzione delle variabili dello spazio operativo. Si sfrutti a questo scopo la figura 1.5 che riporta una vista dall'alto del manipolatore. Nella posizione scelta l'angolo Ψ risulta negativo, mentre l'angolo α è positivo. Dalla figura si deduce che $\Psi(x, y) = \alpha(x, y) - \pi/2$.

Ricordando che $\mathrm{c}_\Psi = \cos(\alpha - \pi/2) = \mathrm{s}_\alpha$ e che $\mathrm{s}_\Psi = \sin(\alpha - \pi/2) = -\mathrm{c}_\alpha$, la prima matrice di rotazione sarà esprimibile come

$$\mathbf{R}_z[\alpha(x,y)] := \begin{bmatrix} \mathrm{c}_\Psi & -\mathrm{s}_\Psi & 0 \\ \mathrm{s}_\Psi & \mathrm{c}_\Psi & 0 \\ 0 & 0 & 1 \end{bmatrix} = \begin{bmatrix} \mathrm{s}_\alpha & \mathrm{c}_\alpha & 0 \\ -\mathrm{c}_\alpha & \mathrm{s}_\alpha & 0 \\ 0 & 0 & 1 \end{bmatrix}.$$

Dalla figura 1.5 è possibile dedurre che

$$\mathrm{c}_\alpha = \frac{x}{\sqrt{x^2+y^2}} \qquad \mathrm{s}_\alpha = \frac{y}{\sqrt{x^2+y^2}}$$

e, quindi, la $\mathbf{R}_z[\alpha(x,y)]$ potrà essere riscritta come

$$\mathbf{R}_z(x,y) := \begin{bmatrix} \frac{y}{\sqrt{x^2+y^2}} & \frac{x}{\sqrt{x^2+y^2}} & 0 \\ -\frac{x}{\sqrt{x^2+y^2}} & \frac{y}{\sqrt{x^2+y^2}} & 0 \\ 0 & 0 & 1 \end{bmatrix}.$$

La seconda rotazione avverrà attorno all'asse $\hat{\mathbf{x}}$ corrente (in pratica $\hat{\mathbf{x}}_1$) e servirà ad allineare l'asse corrente $\hat{\mathbf{z}}$ (ovvero $\hat{\mathbf{z}}_1$) con l'asse $\hat{\mathbf{z}}_4$: è necessaria una rotazione pari a $-\pi/2$.

$$\mathbf{R}_x(-\pi/2) := \begin{bmatrix} 1 & 0 & 0 \\ 0 & \cos(-\pi/2) & -\sin(-\pi/2) \\ 0 & \sin(-\pi/2) & \cos(-\pi/2) \end{bmatrix} = \begin{bmatrix} 1 & 0 & 0 \\ 0 & 0 & 1 \\ 0 & -1 & 0 \end{bmatrix}.$$

La terza e ultima rotazione sarà quella attorno all'asse $\hat{\mathbf{z}}$ e servirà ad allineare la terna corrente alla terna $\{4\}$. La rotazione sarà pari all'angolo Φ assegnato

$$\mathbf{R}_z(\Phi) := \begin{bmatrix} \mathrm{c}_\Phi & -\mathrm{s}_\Phi & 0 \\ \mathrm{s}_\Phi & \mathrm{c}_\Phi & 0 \\ 0 & 0 & 1 \end{bmatrix}.$$

La matrice di rotazione $\mathbf{R}(x,y,z,\Phi)$ sarà data dal prodotto

$$\begin{aligned} {}^0_4\mathbf{R}(x,y,z,\Phi) &= \mathbf{R}_z(x,y)\mathbf{R}_x(-\pi/2)\mathbf{R}_z(\Phi) = \\ &= \begin{bmatrix} \frac{y}{\sqrt{x^2+y^2}}\mathrm{c}_\Phi & -\frac{y}{\sqrt{x^2+y^2}}\mathrm{s}_\Phi & \frac{x}{\sqrt{x^2+y^2}} \\ -\frac{x}{\sqrt{x^2+y^2}}\mathrm{c}_\Phi & \frac{x}{\sqrt{x^2+y^2}}\mathrm{s}_\Phi & \frac{y}{\sqrt{x^2+y^2}} \\ -\mathrm{s}_\Phi & -\mathrm{c}_\Phi & 0 \end{bmatrix} \end{aligned}$$

e, quindi,

$${}^0_4\mathbf{T}(x,y,z,\Phi) = \left[\begin{array}{ccc|c} \frac{y}{\sqrt{x^2+y^2}}\mathrm{c}_\Phi & -\frac{y}{\sqrt{x^2+y^2}}\mathrm{s}_\Phi & \frac{x}{\sqrt{x^2+y^2}} & x \\ -\frac{x}{\sqrt{x^2+y^2}}\mathrm{c}_\Phi & \frac{x}{\sqrt{x^2+y^2}}\mathrm{s}_\Phi & \frac{y}{\sqrt{x^2+y^2}} & y \\ -\mathrm{s}_\Phi & -\mathrm{c}_\Phi & 0 & z \\ \hline 0 & 0 & 0 & 1 \end{array}\right].$$

4) Soluzione della cinematica inversa.

Dal confronto tra le due matrici di trasformazione omogenea si ricavano le seguenti espressioni

$$\mathrm{s}_4 = \mathrm{s}_\Phi \; ; \tag{1.16}$$

$$\mathrm{c}_4 = \mathrm{c}_\Phi \; ; \tag{1.17}$$

$$\mathrm{s}_1 = -\frac{x}{\sqrt{x^2+y^2}} \; ; \tag{1.18}$$

$$\mathrm{c}_1 = \frac{y}{\sqrt{x^2+y^2}} \; ; \tag{1.19}$$

$$-\mathrm{s}_1 d_2 = x \; ; \tag{1.20}$$

$$\mathrm{c}_1 d_2 = y \; ; \tag{1.21}$$

$$-d_3 = z \; . \tag{1.22}$$

La valutazione di θ_4 è immediata per via delle (1.16) e (1.17)

$$\theta_4 = \Phi \; .$$

Dalle (1.18) e (1.19) si ottiene

$$\theta_1 = \mathrm{Atan2}(\mathrm{s}_1, \mathrm{c}_1) = \mathrm{Atan2}(-\frac{x}{\sqrt{x^2+y^2}}, \frac{y}{\sqrt{x^2+y^2}}) = \mathrm{Atan2}(-x, y) \; .$$

Dalla (1.22) si ricava

$$d_3 = -z \; .$$

L'ultima variabile di giunto, ovvero d_2, si ricava dalle (1.20) e (1.21). Sono possibili due approcci. Ad esempio, moltiplicando la prima relazione per $-\mathrm{s}_1$, la seconda per c_1 e sommandole si ottiene

$$\begin{array}{ll} \mathrm{s}_1^2 d_2 & = -\mathrm{s}_1 x \\ \mathrm{c}_1^2 d_2 & = \mathrm{c}_1 y \\ \hline d_2(\mathrm{c}_1^2 + \mathrm{s}_1^2) & = y\,\mathrm{c}_1 - x\,\mathrm{s}_1 \\ & \Downarrow \\ d_2 & = y\,\mathrm{c}_1 - x\,\mathrm{s}_1 \; . \end{array}$$

In alternativa, elevando entrambe le due relazioni al quadrato e sommandole si ricava

$$\begin{array}{ll} \mathrm{s}_1^2 d_2^2 & = x^2 \\ \mathrm{c}_1^2 d_2^2 & = y^2 \\ \hline d_2^2(\mathrm{c}_1^2 + \mathrm{s}_1^2) & = x^2 + y^2 \\ & \Downarrow \\ d_2 & = \pm\sqrt{x^2+y^2} \; . \end{array}$$

La soluzione con il segno negativo è da scartare in quanto, vista la geometria del manipolatore, si ha che $d_2 > 0$.

L'unica espressione che potrebbe presentare delle singolarità è quella relativa a θ_1. Come al solito, tale soluzione è singolare nel caso in cui $x = y = 0$. Visto il tipo di manipolatore, tale situazione critica non può mai verificarsi in quanto il punto $x = y = 0$ non appartiene allo spazio di lavoro. Se, per assurdo, il punto $x = y = 0$ appartenesse allo spazio di lavoro, allora θ_1 ammetterebbe infinite soluzioni.

Esercizio 5.

Sia dato il manipolatore RRPR riportato in figura.

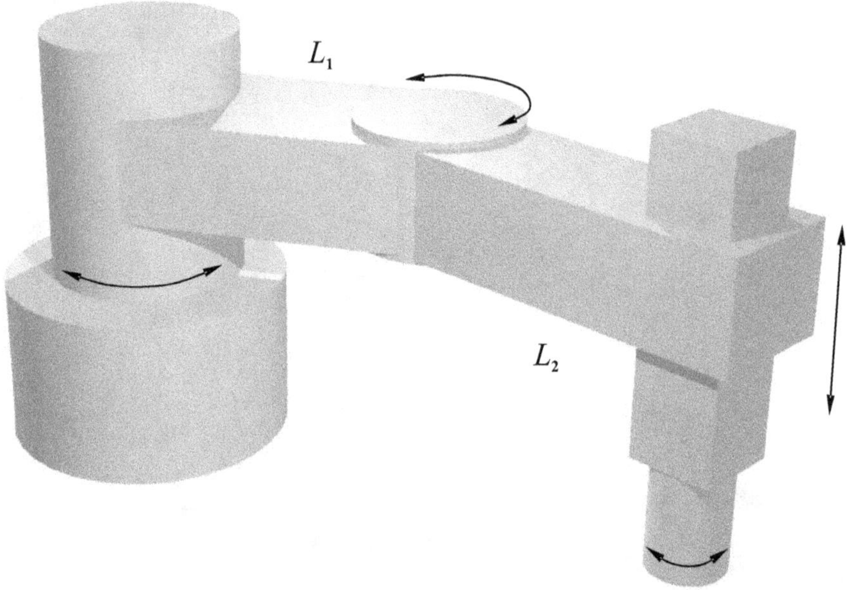

Si chiede di:

1. Fissare le terne ai bracci del manipolatore usando la convenzione di Denavit-Hartenberg modificata e determinare i parametri cinematici;
2. Determinare la matrice di trasformazione omogenea ${}^0_4\mathbf{T}(\theta_1, \theta_2, d_3, \theta_4)$, dove $\{0\}$ e $\{4\}$ denotano rispettivamente la terna di base e la terna di polso;
3. Il manipolatore può essere descritto nello spazio operativo tramite le coordinate dell'origine della terna $\{4\}$ descritta rispetto alla terna $\{0\}$ (coordinate x, y e z) e un angolo Φ tra il versore $\hat{\mathbf{x}}_0$ e il versore $\hat{\mathbf{x}}_4$ il cui segno è definito dal versore $\hat{\mathbf{z}}_0$: determinare la matrice di trasformazione omogenea ${}^0_4\mathbf{T}(x, y, z, \Phi)$;
4. Risolvere la cinematica inversa del manipolatore trattando i casi singolari e specificando il numero di soluzioni che il problema ammette.

Soluzione.

1) Terne e parametri cinematici.

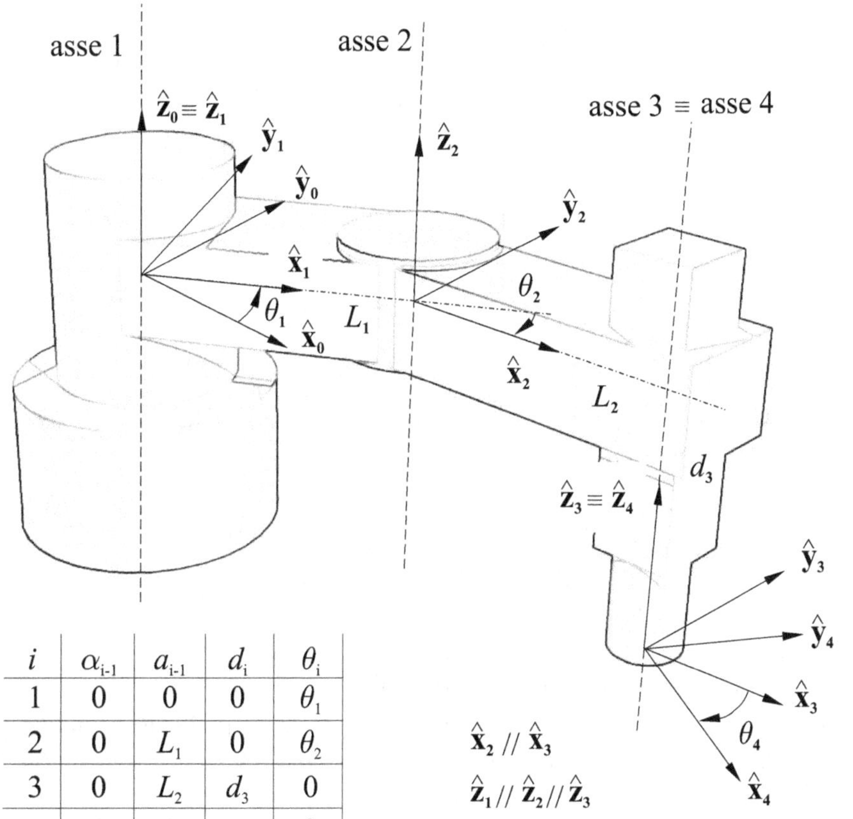

i	α_{i-1}	a_{i-1}	d_i	θ_i
1	0	0	0	θ_1
2	0	L_1	0	θ_2
3	0	L_2	d_3	0
4	0	0	0	θ_4

2) La matrice di trasformazione omogenea ${}^0_4\mathbf{T}(\theta_1, \theta_2, d_3, \theta_4)$.

$$
{}^0_1\mathbf{T} = \begin{bmatrix} \mathrm{c}_1 & -\mathrm{s}_1 & 0 & 0 \\ \mathrm{s}_1 & \mathrm{c}_1 & 0 & 0 \\ 0 & 0 & 1 & 0 \\ 0 & 0 & 0 & 1 \end{bmatrix} \qquad {}^1_2\mathbf{T} = \begin{bmatrix} \mathrm{c}_2 & -\mathrm{s}_2 & 0 & L_1 \\ \mathrm{s}_2 & \mathrm{c}_2 & 0 & 0 \\ 0 & 0 & 1 & 0 \\ 0 & 0 & 0 & 1 \end{bmatrix}
$$

$$
{}^2_3\mathbf{T} = \begin{bmatrix} 1 & 0 & 0 & L_2 \\ 0 & 1 & 0 & 0 \\ 0 & 0 & 1 & d_3 \\ 0 & 0 & 0 & 1 \end{bmatrix} \qquad {}^3_4\mathbf{T} = \begin{bmatrix} \mathrm{c}_4 & -\mathrm{s}_4 & 0 & 0 \\ \mathrm{s}_4 & \mathrm{c}_4 & 0 & 0 \\ 0 & 0 & 1 & 0 \\ 0 & 0 & 0 & 1 \end{bmatrix}
$$

$$
{}^{0}_{2}\mathbf{T} = \begin{bmatrix} c_1c_2 - s_1s_2 & -c_1s_2 - s_1c_2 & 0 & c_1L_1 \\ s_1c_2 + c_1s_2 & -s_1s_2 + c_1c_2 & 0 & s_1L_1 \\ 0 & 0 & 1 & 0 \\ 0 & 0 & 0 & 1 \end{bmatrix} =
$$

$$
= \begin{bmatrix} c_{12} & -s_{12} & 0 & c_1L_1 \\ s_{12} & c_{12} & 0 & s_1L_1 \\ 0 & 0 & 1 & 0 \\ 0 & 0 & 0 & 1 \end{bmatrix}
$$

$$
{}^{2}_{4}\mathbf{T} = \begin{bmatrix} c_4 & -s_4 & 0 & L_2 \\ s_4 & c_4 & 0 & 0 \\ 0 & 0 & 1 & d_3 \\ 0 & 0 & 0 & 1 \end{bmatrix}
$$

$$
{}^{0}_{4}\mathbf{T} = \begin{bmatrix} c_4c_{12} - s_4s_{12} & -s_4c_{12} - c_4s_{12} & 0 & L_2c_{12} + L_1c_1 \\ s_4c_{12} + c_4s_{12} & c_4c_{12} - s_4s_{12} & 0 & L_2s_{12} + L_1s_1 \\ 0 & 0 & 1 & d_3 \\ 0 & 0 & 0 & 1 \end{bmatrix} =
$$

$$
= \begin{bmatrix} c_{124} & -s_{124} & 0 & L_2c_{12} + L_1c_1 \\ s_{124} & c_{124} & 0 & L_2s_{12} + L_1s_1 \\ 0 & 0 & 1 & d_3 \\ 0 & 0 & 0 & 1 \end{bmatrix}
$$

3) La matrice di trasformazione omogenea ${}^{0}_{4}\mathbf{T}(x, y, z, \Phi)$.

La matrice di trasformazione omogenea si ricava in modo piuttosto semplice dato che l'orientamento della terna $\{4\}$ è ottenibile attraverso una rotazione di un angolo pari a Φ della terna $\{0\}$ attorno all'asse $\hat{\mathbf{z}}_0$. La matrice di trasformazione omogenea ${}^{0}_{4}\mathbf{T}(x, y, z, \Phi)$ sarà espressa come

$$
{}^{0}_{4}\mathbf{T}(x, y, z, \Phi) = \begin{bmatrix} c_\Phi & -s_\Phi & 0 & x \\ s_\Phi & c_\Phi & 0 & y \\ 0 & 0 & 1 & z \\ 0 & 0 & 0 & 1 \end{bmatrix} .
$$

4) Soluzione della cinematica diretta e inversa.

Dal confronto tra le due matrici di trasformazione omogenea si ricavano le seguenti espressioni

$$
\begin{aligned}
c_{124} &= c_\Phi \; ; & (1.23)\\
s_{124} &= s_\Phi \; ; & (1.24)\\
L_2c_{12} + c_1L_1 &= x \; ; & (1.25)\\
L_2s_{12} + s_1L_1 &= y \; ; & (1.26)\\
d_3 &= z \; . & (1.27)
\end{aligned}
$$

Il calcolo della cinematica diretta risulta piuttosto semplice visto che, grazie alle relazioni (1.23) e (1.24), si può affermare che

$$\Phi = \theta_1 + \theta_2 + \theta_4 \tag{1.28}$$

La (1.28), assieme alle (1.25)–(1.27), costituisce la soluzione della cinematica diretta.

Passando alla cinematica inversa, la relazione (1.27) fornisce immediatamente il valore della variabile di giunto d_3. Per la valutazione di θ_2 si ricorra alle relazioni (1.25) e (1.26). In particolare, elevandole al quadrato si ricava

$$\begin{aligned} L_2^2 c_{12}^2 + L_1^2 c_1^2 + 2L_1L_2 c_{12}c_1 &= x^2 \\ L_2^2 s_{12}^2 + L_1^2 s_1^2 + 2L_1L_2 s_{12}s_1 &= y^2 \end{aligned}$$

Sommando queste due relazioni si ottiene

$$L_2^2 + L_1^2 + 2L_1L_2(c_{12}c_1 + s_{12}s_1) = L_2^2 + L_1^2 + 2L_1L_2c_2 = x^2 + y^2 \tag{1.29}$$

e, riordinando, si ricava

$$\theta_2 = \pm \arccos\left(\frac{x^2 + y^2 - L_2^2 - L_1^2}{2L_1L_2}\right) .$$

Per quanto riguarda θ_2 il problema ammette dunque due soluzioni. L'espressione di θ_2 non presenta casi critici. Bisogna tuttavia controllare che le coordinate x e y ricadano entro lo spazio di lavoro raggiungibile del manipolatore. Ciò è garantito dal fatto che

$$\left|\frac{x^2 + y^2 - L_2^2 - L_1^2}{2L_1L_2}\right| \leq 1 .$$

Pochi semplici passaggi permettono di affermare che questa relazione è verificata se

$$x^2 + y^2 \geq (L_1 - L_2)^2 \quad \text{e} \quad x^2 + y^2 \leq (L_1 + L_2)^2$$

Per valutare θ_1 si riordinino le relazioni (1.25) e (1.26), evidenziando i termini c_1 e s_1

$$\begin{aligned} L_2(c_1c_2 - s_1s_2) + L_1c_1 &= c_1(L_2c_2 + L_1) - s_1L_2s_2 = x \\ L_2(s_1c_2 + c_1s_2) + L_1s_1 &= c_1L_2s_2 + s_1(L_2c_2 + L_1) = y \end{aligned}$$

Ponendo $\alpha = L_2c_2 + L_1$ e $\beta = L_2s_2$, con α e β noti, si ricava il sistema lineare

$$\begin{aligned} c_1\alpha - s_1\beta = x ; \\ c_1\beta + s_1\alpha = y . \end{aligned}$$

Varie tecniche sono utilizzabili per la soluzione di questo sistema. Per esempio, l'impiego di Cramer consente di ricavare

$$\mathrm{c}_1 = \frac{\begin{vmatrix} x & -\beta \\ y & \alpha \end{vmatrix}}{\begin{vmatrix} \alpha & -\beta \\ \beta & \alpha \end{vmatrix}} = \frac{\alpha x + \beta y}{\alpha^2 + \beta^2} = \frac{\alpha x + \beta y}{L_2^2 \mathrm{c}_2^2 + L_1^2 + 2L_1 L_2 \mathrm{c}_2 + L_2^2 \mathrm{s}_2^2}$$

$$= \frac{\alpha x + \beta y}{L_2^2 + L_1^2 + 2L_1 L_2 \mathrm{c}_2} = \frac{\alpha x + \beta y}{x^2 + y^2} \ .$$

L'ultimo passaggio è stato compiuto tenendo conto della relazione (1.29). Analogamente

$$\mathrm{s}_1 = \frac{\begin{vmatrix} \alpha & x \\ \beta & y \end{vmatrix}}{\begin{vmatrix} \alpha & -\beta \\ \beta & \alpha \end{vmatrix}} = \frac{\alpha y - \beta x}{\alpha^2 + \beta^2} = \frac{\alpha y - \beta x}{x^2 + y^2} \ .$$

e, pertanto, il valore di θ_1 è dato dalla relazione

$$\theta_1 = \mathrm{Atan2}(\mathrm{s}_1, \mathrm{c}_1) = \mathrm{Atan2}\left(\frac{\alpha y - \beta x}{x^2 + y^2}, \frac{\alpha x + \beta y}{x^2 + y^2}\right)$$
$$= \mathrm{Atan2}\left(\alpha y - \beta x, \alpha x + \beta y\right) \ .$$

Poiché θ_2 influenza i parametri α e β, anche per θ_1 si hanno due soluzioni. Si può facilmente verificare che il caso singolare $\alpha y - \beta x = \alpha x + \beta y = 0$ si verifica solo se $x = y = 0$, per cui si può concludere che quest'ultimo è l'unico caso critico. Come al solito, se $x = y = 0$ si avrà che θ_1 potrà assumere infinite soluzioni.

Il valore di θ_4 è ricavabile dalla relazione (1.28)

$$\theta_4 = \Phi - \theta_1 - \theta_2 \ .$$

Anche per θ_4 si hanno due soluzioni a causa delle due soluzioni di θ_1 e θ_2. In conclusione, la cinematica inversa ammette due diverse soluzioni dovute ai due valori di θ_2.

Esercizio 6.

Sia dato il manipolatore PRRP riportato in figura.

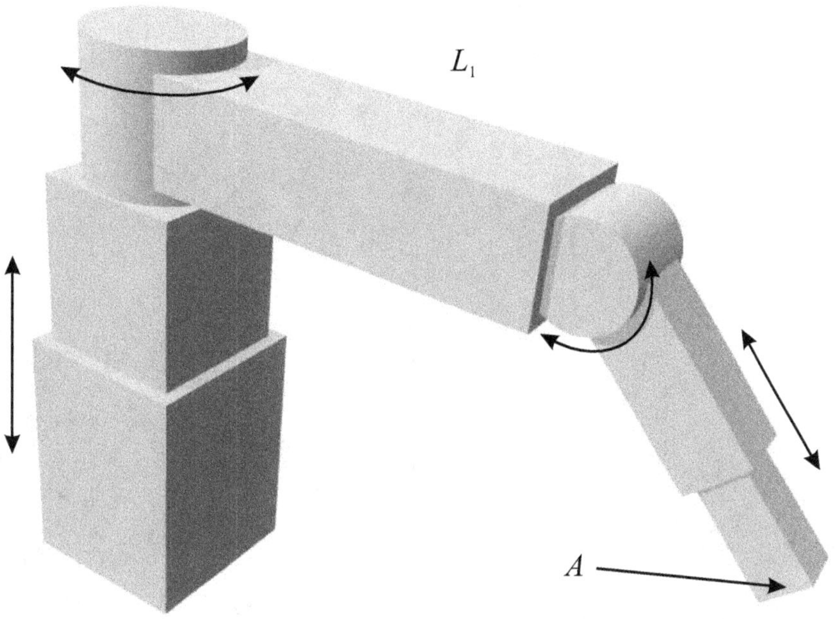

Si chiede di:

1. Fissare le terne ai bracci del manipolatore usando la convenzione di Denavit-Hartenberg modificata e determinare i parametri cinematici. Si ponga l'origine dell'ultima terna nella posizione A indicata in figura;
2. Determinare la matrice di trasformazione omogenea ${}^{0}_{4}\mathbf{T}(d_1, \theta_2, \theta_3, d_4)$, dove $\{0\}$ e $\{4\}$ denotano rispettivamente la terna di base e la terna di polso;
3. Il manipolatore può essere descritto nello spazio operativo tramite le coordinate dell'origine della terna $\{4\}$ descritta rispetto alla terna $\{0\}$ (coordinate x, y e z) e un angolo Φ tra il versore $\hat{\mathbf{x}}_2$ e il versore $\hat{\mathbf{z}}_4$ il cui segno è definito dal versore $\hat{\mathbf{y}}_2$: determinare la matrice di trasformazione omogenea ${}^{0}_{4}\mathbf{T}(x, y, z, \Phi)$;
4. Risolvere la cinematica inversa del manipolatore trattando i casi singolari e specificando il numero di soluzioni che il problema ammette.

Soluzione.

1) Terne e parametri cinematici.

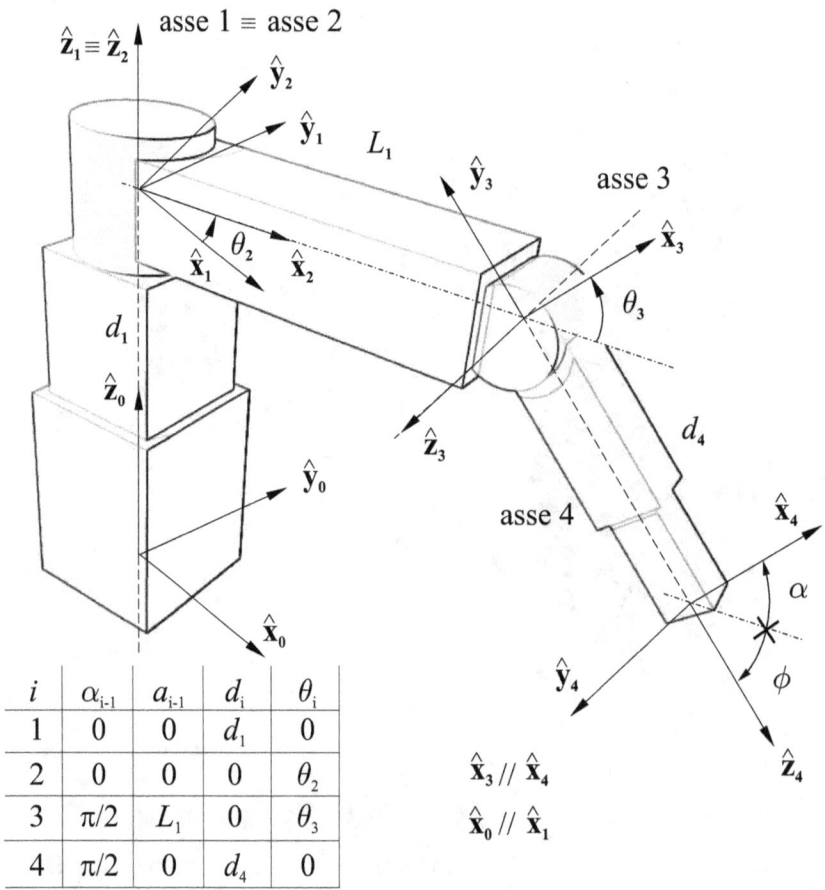

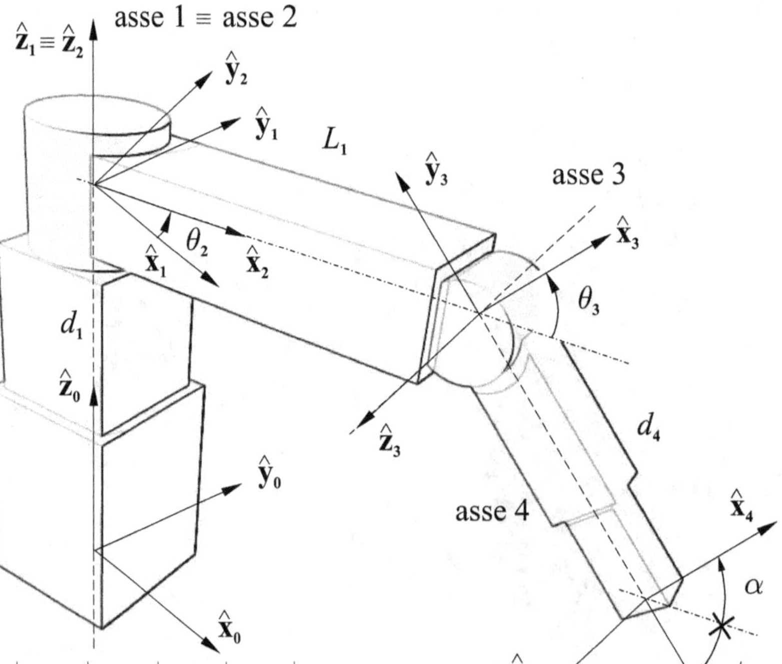

i	α_{i-1}	a_{i-1}	d_i	θ_i
1	0	0	d_1	0
2	0	0	0	θ_2
3	$\pi/2$	L_1	0	θ_3
4	$\pi/2$	0	d_4	0

2) La matrice di trasformazione omogenea $^0_4\mathbf{T}(d_1, \theta_2, \theta_3, d_4)$.

$$
{}^0_1\mathbf{T} = \begin{bmatrix} 1 & 0 & 0 & 0 \\ 0 & 1 & 0 & 0 \\ 0 & 0 & 1 & d_1 \\ 0 & 0 & 0 & 1 \end{bmatrix} \quad {}^1_2\mathbf{T} = \begin{bmatrix} c_2 & -s_2 & 0 & 0 \\ s_2 & c_2 & 0 & 0 \\ 0 & 0 & 1 & 0 \\ 0 & 0 & 0 & 1 \end{bmatrix}
$$

$$
{}^2_3\mathbf{T} = \begin{bmatrix} c_3 & -s_3 & 0 & L_1 \\ 0 & 0 & -1 & 0 \\ s_3 & c_3 & 0 & 0 \\ 0 & 0 & 0 & 1 \end{bmatrix} \quad {}^3_4\mathbf{T} = \begin{bmatrix} 1 & 0 & 0 & 0 \\ 0 & 0 & -1 & -d_4 \\ 0 & 1 & 0 & 0 \\ 0 & 0 & 0 & 1 \end{bmatrix}
$$

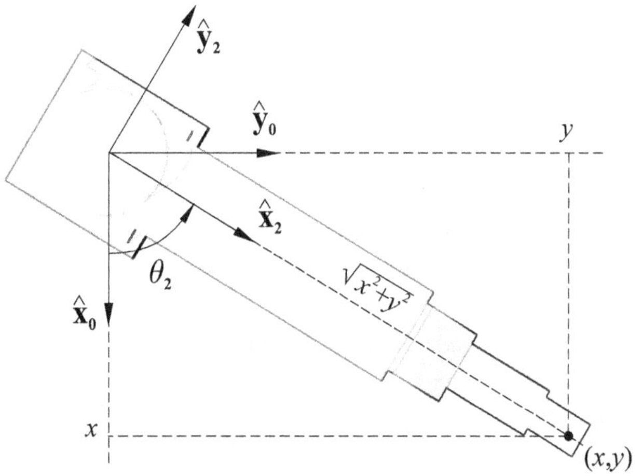

Figura 1.6 Proiezione sul piano orizzontale delle terne del manipolatore.

$$
{}^0_2\mathbf{T} = \begin{bmatrix} c_2 & -s_2 & 0 & 0 \\ s_2 & c_2 & 0 & 0 \\ 0 & 0 & 1 & d_1 \\ 0 & 0 & 0 & 1 \end{bmatrix} \quad {}^2_4\mathbf{T} = \begin{bmatrix} c_3 & 0 & s_3 & s_3 d_4 + L_1 \\ 0 & -1 & 0 & 0 \\ s_3 & 0 & -c_3 & -c_3 d_4 \\ 0 & 0 & 0 & 1 \end{bmatrix}
$$

$$
{}^0_4\mathbf{T} = \begin{bmatrix} c_2 c_3 & s_2 & c_2 s_3 & c_2(s_3 d_4 + L_1) \\ s_2 c_3 & -c_2 & s_2 s_3 & s_2(s_3 d_4 + L_1) \\ s_3 & 0 & -c_3 & d_1 - c_3 d_4 \\ 0 & 0 & 0 & 1 \end{bmatrix} .
$$

3) La matrice di trasformazione omogenea ${}^0_4\mathbf{T}(x, y, z, \Phi)$.

È possibile esprimere l'orientamento della terna $\{4\}$ attraverso tre rotazioni per assi mobili. La prima rotazione dovrà avvenire attorno all'asse $\hat{\mathbf{z}}_1$, in modo da allineare la terna $\{1\}$ con la terna $\{2\}$. In pratica, sarà necessario compiere una rotazione pari a θ_2. Non potendo esprimere la matrice di rotazione in funzione delle variabili di giunto, è necessario esprimere θ_2 come funzione delle variabili dello spazio operativo. In figura 1.6 è riportata una vista schematica dall'alto del manipolatore. Si può constatare che $\cos(\theta_2) = c_2 = x/\sqrt{x^2 + y^2}$ e che $\sin(\theta_2) = s_2 = y/\sqrt{x^2 + y^2}$. Di conseguenza, la prima matrice di rotazione sarà data da

$$
\mathbf{R}_z(\theta_2) := \begin{bmatrix} c_2 & -s_2 & 0 \\ s_2 & c_2 & 0 \\ 0 & 0 & 1 \end{bmatrix} \Rightarrow \mathbf{R}_z(x, y) := \begin{bmatrix} \frac{x}{\sqrt{x^2+y^2}} & \frac{-y}{\sqrt{x^2+y^2}} & 0 \\ \frac{y}{\sqrt{x^2+y^2}} & \frac{x}{\sqrt{x^2+y^2}} & 0 \\ 0 & 0 & 1 \end{bmatrix} .
$$

La seconda rotazione avverrà attorno all'asse $\hat{\mathbf{x}}_2$ e servirà ad allineare l'asse corrente $\hat{\mathbf{y}}$

(ovvero $\hat{\mathbf{y}}_2$) con l'asse $\hat{\mathbf{y}}_4$: è necessaria una rotazione pari a π.

$$\mathbf{R}_x(\pi) := \begin{bmatrix} 1 & 0 & 0 \\ 0 & -1 & 0 \\ 0 & 0 & -1 \end{bmatrix} .$$

La terza e ultima rotazione sarà attorno all'asse $\hat{\mathbf{y}}$ e servirà ad allineare l'asse $\hat{\mathbf{x}}$ corrente (che, si ricordi, è disposto orizzontalmente) con l'asse $\hat{\mathbf{x}}_4$. Osservando la figura in cui sono riportate le terne e tenendo conto dell'attuale loro disposizione, si conclude che la rotazione dovrà essere pari a $\alpha = \theta_3 > 0$. Si noti che, con il manipolatore disposto come in figura, si ha che $\Phi > 0$ (si ricordi che il segno di Φ dipende dal versore $\hat{\mathbf{y}}_2$) per cui $\alpha = \pi/2 - \Phi$

$$\mathbf{R}_y(\Phi) := \begin{bmatrix} c(\pi/2-\Phi) & 0 & s(\pi/2-\Phi) \\ 0 & 1 & 0 \\ -s(\pi/2-\Phi) & 0 & c(\pi/2-\Phi) \end{bmatrix} = \begin{bmatrix} \mathrm{s}_\Phi & 0 & \mathrm{c}_\Phi \\ 0 & 1 & 0 \\ -\mathrm{c}_\Phi & 0 & \mathrm{s}_\Phi \end{bmatrix} .$$

La matrice di rotazione $\mathbf{R}(x, y, \Phi)$ sarà data dal prodotto

$$\begin{aligned} {}^0_4\mathbf{R}(x,y,\Phi) &= \mathbf{R}_z(x,y)\mathbf{R}_x(\pi)\mathbf{R}_y(\Phi) = \\ &= \begin{bmatrix} \frac{x}{\sqrt{x^2+y^2}}\mathrm{s}_\Phi & \frac{y}{\sqrt{x^2+y^2}} & \frac{x}{\sqrt{x^2+y^2}}\mathrm{c}_\Phi \\ \frac{y}{\sqrt{x^2+y^2}}\mathrm{s}_\Phi & \frac{-x}{\sqrt{x^2+y^2}} & \frac{y}{\sqrt{x^2+y^2}}\mathrm{c}_\Phi \\ \mathrm{c}_\Phi & 0 & -\mathrm{s}_\Phi \end{bmatrix} \end{aligned}$$

e, quindi,

$${}^0_4\mathbf{T}(x,y,z,\Phi) = \begin{bmatrix} \frac{x}{\sqrt{x^2+y^2}}\mathrm{s}_\Phi & \frac{y}{\sqrt{x^2+y^2}} & \frac{x}{\sqrt{x^2+y^2}}\mathrm{c}_\Phi & x \\ \frac{y}{\sqrt{x^2+y^2}}\mathrm{s}_\Phi & \frac{-x}{\sqrt{x^2+y^2}} & \frac{y}{\sqrt{x^2+y^2}}\mathrm{c}_\Phi & y \\ \mathrm{c}_\Phi & 0 & -\mathrm{s}_\Phi & z \\ 0 & 0 & 0 & 1 \end{bmatrix} .$$

4) Soluzione della cinematica inversa.

Dal confronto tra le due matrici di trasformazione omogenea si ricavano le seguenti espressioni

$$\mathrm{s}_2 = \frac{y}{\sqrt{x^2+y^2}} ; \tag{1.30}$$

$$\mathrm{c}_2 = \frac{x}{\sqrt{x^2+y^2}} ; \tag{1.31}$$

$$\mathrm{s}_3 = \mathrm{c}_\Phi ; \tag{1.32}$$

$$\mathrm{c}_3 = \mathrm{s}_\Phi ; \tag{1.33}$$

$$\mathrm{c}_2(\mathrm{s}_3 d_4 + L_1) = x ; \tag{1.34}$$

$$\mathrm{s}_2(\mathrm{s}_3 d_4 + L_1) = y ; \tag{1.35}$$

$$d_1 - \mathrm{c}_3 d_4 = z . \tag{1.36}$$

Dalle prime due relazioni si ricava

$$\theta_2 = \mathrm{Atan2}(\frac{y}{\sqrt{x^2+y^2}}, \frac{x}{\sqrt{x^2+y^2}}) = \mathrm{Atan2}(y, x) \ .$$

Come al solito, se il punto singolare $x = y = 0$ appartiene allo spazio di lavoro del manipolatore, in tale punto si hanno infinite soluzioni della cinematica inversa per quanto riguarda la variabile θ_2.

Dalle (1.32) e (1.33) si ottiene

$$\theta_3 = \pi/2 - \Phi \ .$$

Elevando al quadrato sia la (1.34) e la (1.35) e sommandole si valuta d_4

$$\begin{aligned}
\mathrm{c}_2^2(\mathrm{s}_3 d_4 + L_1)^2 &= x^2 \\
\mathrm{s}_2^2(\mathrm{s}_3 d_4 + L_1)^2 &= y^2 \\
&\Downarrow \\
(\mathrm{s}_3 d_4 + L_1)^2 &= x^2 + y^2 \\
&\Downarrow \\
d_4 = \frac{\sqrt{x^2+y^2} - L_1}{\mathrm{s}_3} &= \frac{\sqrt{x^2+y^2} - L_1}{\mathrm{c}_\Phi} \ .
\end{aligned}$$

Tale soluzione è valida solo se $\mathrm{s}_3 = \mathrm{c}_\Phi \neq 0$. Il caso singolare verrà analizzato in seguito. La (1.36) permette di scrivere

$$d_1 = z + \mathrm{c}_3 d_4 = z + \mathrm{s}_\Phi \, d_4 \ .$$

Per finire, si analizzi il caso singolare. Se $\mathrm{s}_3 = \mathrm{c}_\Phi = 0$ (ovvero se $\theta_3 = 0$ oppure $\theta_3 = \pi$), allora dalle (1.34) e la (1.35) si ricaverà il risultato ovvio $L_1 = \sqrt{x^2+y^2}$, mentre dalla (1.36) si otterrà

$$d_1 = z \pm d_4 \ ,$$

ovvero si avranno infinite soluzioni per d_4 e, di conseguenza, anche per d_1.

Esercizio 7.

Sia dato il manipolatore RPPR riportato in figura.

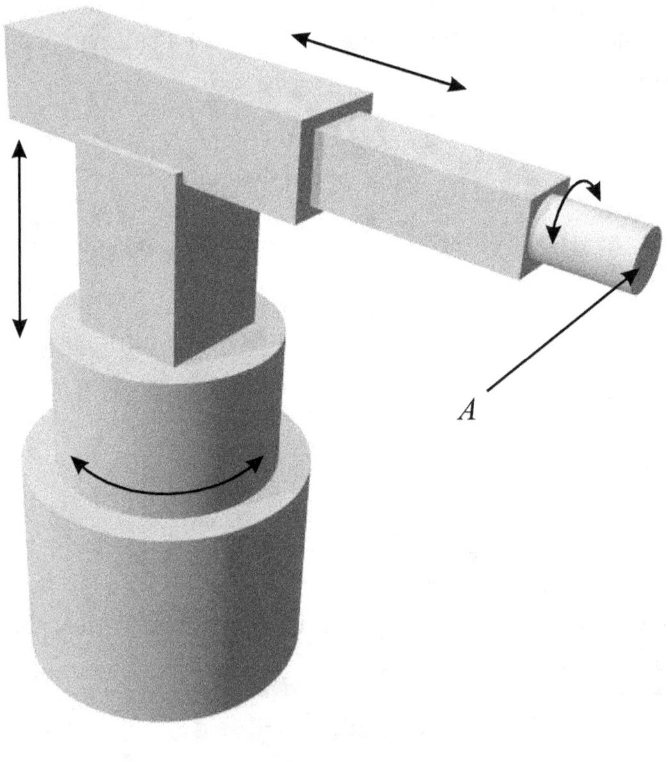

Si chiede di:

1. Fissare le terne ai bracci del manipolatore usando la convenzione di Denavit-Hartenberg modificata e determinare i parametri cinematici. Si ponga l'origine dell'ultima terna nella posizione A indicata in figura;
2. Determinare la matrice di trasformazione omogenea ${}^0_4\mathbf{T}(\theta_1, d_2, d_3, \theta_4)$, dove $\{0\}$ e $\{4\}$ denotano rispettivamente la terna di base e la terna di polso;
3. Il manipolatore può essere descritto nello spazio operativo tramite le coordinate dell'origine della terna $\{4\}$ descritta rispetto alla terna $\{0\}$ (coordinate x, y e z) e un angolo Φ tra il versore $\hat{\mathbf{x}}_3$ e il versore $\hat{\mathbf{x}}_4$ il cui segno è definito dal versore $\hat{\mathbf{z}}_4$: determinare la matrice di trasformazione omogenea ${}^0_4\mathbf{T}(x, y, z, \Phi)$;
4. Risolvere la cinematica inversa del manipolatore trattando i casi singolari e specificando il numero di soluzioni che il problema ammette.

Soluzione.

1) Terne e parametri cinematici.

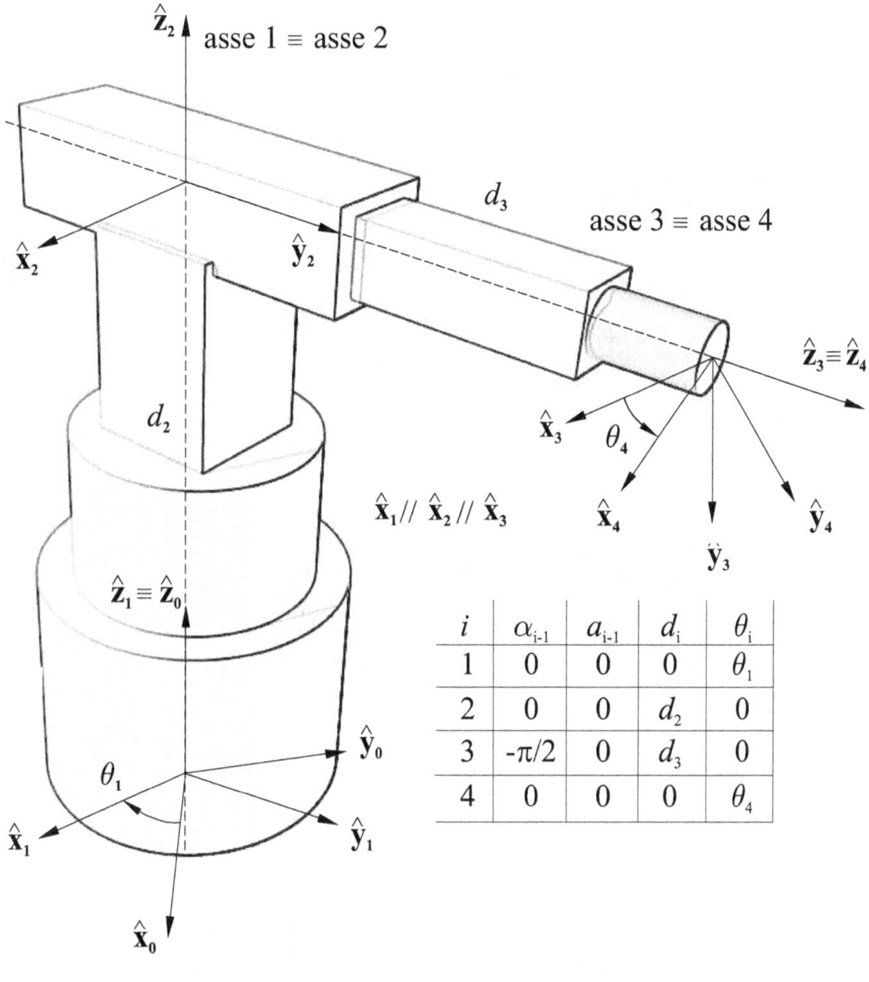

i	α_{i-1}	a_{i-1}	d_i	θ_i
1	0	0	0	θ_1
2	0	0	d_2	0
3	$-\pi/2$	0	d_3	0
4	0	0	0	θ_4

2) La matrice di trasformazione omogenea ${}^0_4\mathbf{T}(\theta_1, d_2, d_3, \theta_4)$.

$$
{}^0_1\mathbf{T} = \begin{bmatrix} c_1 & -s_1 & 0 & 0 \\ s_1 & c_1 & 0 & 0 \\ 0 & 0 & 1 & 0 \\ 0 & 0 & 0 & 1 \end{bmatrix} \qquad {}^1_2\mathbf{T} = \begin{bmatrix} 1 & 0 & 0 & 0 \\ 0 & 1 & 0 & 0 \\ 0 & 0 & 1 & d_2 \\ 0 & 0 & 0 & 1 \end{bmatrix}
$$

$$
{}^2_3\mathbf{T} = \begin{bmatrix} 1 & 0 & 0 & 0 \\ 0 & 0 & 1 & d_3 \\ 0 & -1 & 0 & 0 \\ 0 & 0 & 0 & 1 \end{bmatrix} \qquad {}^3_4\mathbf{T} = \begin{bmatrix} c_4 & -s_4 & 0 & 0 \\ s_4 & c_4 & 0 & 0 \\ 0 & 0 & 1 & 0 \\ 0 & 0 & 0 & 1 \end{bmatrix}
$$

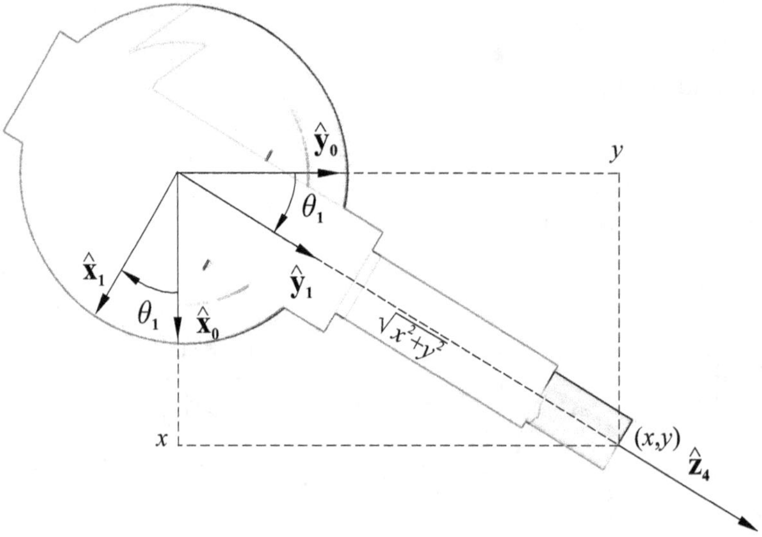

Figura 1.7 Proiezione sul piano orizzontale delle terne del manipolatore

$$
{}^0_2\mathbf{T} = \begin{bmatrix} \mathrm{c}_1 & -\mathrm{s}_1 & 0 & 0 \\ \mathrm{s}_1 & \mathrm{c}_1 & 0 & 0 \\ 0 & 0 & 1 & d_2 \\ 0 & 0 & 0 & 1 \end{bmatrix} \qquad {}^2_4\mathbf{T} = \begin{bmatrix} \mathrm{c}_4 & -\mathrm{s}_4 & 0 & 0 \\ 0 & 0 & 1 & d_3 \\ -\mathrm{s}_4 & -\mathrm{c}_4 & 0 & 0 \\ 0 & 0 & 0 & 1 \end{bmatrix}
$$

$$
{}^0_4\mathbf{T} = \begin{bmatrix} \mathrm{c}_1\mathrm{c}_4 & -\mathrm{c}_1\mathrm{s}_4 & -\mathrm{s}_1 & -\mathrm{s}_1 d_3 \\ \mathrm{s}_1\mathrm{c}_4 & -\mathrm{s}_1\mathrm{s}_4 & \mathrm{c}_1 & \mathrm{c}_1 d_3 \\ -\mathrm{s}_4 & -\mathrm{c}_4 & 0 & d_2 \\ 0 & 0 & 0 & 1 \end{bmatrix}.
$$

3) La matrice di trasformazione omogenea ${}^0_4\mathbf{T}(x, y, z, \Phi)$.

È possibile esprimere l'orientamento della terna $\{4\}$ attraverso tre rotazioni per assi mobili. La prima rotazione dovrà avvenire attorno all'asse $\hat{\mathbf{z}}_1$, in modo da allineare la terna $\{0\}$ con la terna $\{2\}$. In pratica, bisogna compiere una rotazione pari a θ_1. Non potendo esprimere la matrice di rotazione in funzione delle variabili di giunto, è necessario esprimere θ_1 come funzione delle variabili dello spazio operativo. In figura 1.7 è riportata una vista schematica dall'alto del manipolatore. Grazie alla figura è immediato constatare che $\cos(\theta_1) = \mathrm{c}_1 = y/\sqrt{x^2+y^2}$ e che $\sin(\theta_1) = \mathrm{s}_1 = -x/\sqrt{x^2+y^2}$ (l'angolo θ_1, nella disposizione mostrata in figura, risulta negativo, per cui il suo coseno deve essere positivo al contrario del seno che deve essere negativo). Di conseguenza, la prima matrice di rotazione sarà

$$\mathbf{R}_z(\theta_1) := \begin{bmatrix} c_1 & -s_1 & 0 \\ s_1 & c_1 & 0 \\ 0 & 0 & 1 \end{bmatrix} \Rightarrow \mathbf{R}_z(x,y) := \begin{bmatrix} \frac{y}{\sqrt{x^2+y^2}} & \frac{x}{\sqrt{x^2+y^2}} & 0 \\ \frac{-x}{\sqrt{x^2+y^2}} & \frac{y}{\sqrt{x^2+y^2}} & 0 \\ 0 & 0 & 1 \end{bmatrix} .$$

La seconda rotazione avverrà attorno all'asse corrente $\mathbf{x}$ (ovvero l'asse $\hat{\mathbf{x}}_3$) e servirà ad allineare l'asse corrente $\hat{\mathbf{z}}$ (ovvero $\hat{\mathbf{z}}_2$) con l'asse $\hat{\mathbf{z}}_4$: è necessaria una rotazione pari a $-\pi/2$

$$\mathbf{R}_x(-\pi/2) := \begin{bmatrix} 1 & 0 & 0 \\ 0 & \cos(-\frac{\pi}{2}) & -\sin(-\frac{\pi}{2}) \\ 0 & \sin(-\frac{\pi}{2}) & \cos(-\frac{\pi}{2}) \end{bmatrix} \Rightarrow \mathbf{R}_x(-\pi/2) := \begin{bmatrix} 1 & 0 & 0 \\ 0 & 0 & 1 \\ 0 & -1 & 0 \end{bmatrix} .$$

La terza e ultima rotazione sarà attorno all'asse $\hat{\mathbf{z}}$ e servirà ad allineare l'asse $\hat{\mathbf{x}}$ corrente (che, si ricordi, è disposto orizzontalmente) con l'asse $\hat{\mathbf{x}}_4$. Osservando la figura in cui sono riportate le terne e tenendo conto dell'attuale loro disposizione, si conclude che la rotazione dovrà essere pari a $\Phi = \theta_4 > 0$ (si ricordi che il segno di Φ dipende dal versore $\hat{\mathbf{z}}_4$), per cui

$$\mathbf{R}_z(\Phi) := \begin{bmatrix} c_\Phi & -s_\Phi & 0 \\ s_\Phi & c_\Phi & 0 \\ 0 & 0 & 1 \end{bmatrix} .$$

La matrice di rotazione $\mathbf{R}(x, y, \Phi)$ sarà data dal prodotto

$$\begin{aligned} {}^0_4\mathbf{R}(x,y,\Phi) &= \mathbf{R}_z(x,y)\mathbf{R}_x(-\pi/2)\mathbf{R}_z(\Phi) = \\ &= \begin{bmatrix} \frac{y}{\sqrt{x^2+y^2}}\,c_\Phi & -\frac{y}{\sqrt{x^2+y^2}}\,s_\Phi & \frac{x}{\sqrt{x^2+y^2}} \\ -\frac{x}{\sqrt{x^2+y^2}}\,c_\Phi & \frac{x}{\sqrt{x^2+y^2}}\,s_\Phi & \frac{y}{\sqrt{x^2+y^2}} \\ -s_\Phi & -c_\Phi & 0 \end{bmatrix} \end{aligned}$$

e, quindi,

$${}^0_4\mathbf{T}(x,y,z,\Phi) = \begin{bmatrix} \frac{y}{\sqrt{x^2+y^2}}\,c_\Phi & -\frac{y}{\sqrt{x^2+y^2}}\,s_\Phi & \frac{x}{\sqrt{x^2+y^2}} & x \\ -\frac{x}{\sqrt{x^2+y^2}}\,c_\Phi & \frac{x}{\sqrt{x^2+y^2}}\,s_\Phi & \frac{y}{\sqrt{x^2+y^2}} & y \\ -s_\Phi & -c_\Phi & 0 & z \\ 0 & 0 & 0 & 1 \end{bmatrix} .$$

4) Soluzione della cinematica inversa.
Dal confronto tra le due matrici di trasformazione omogenea si ricavano le seguenti espressioni

$$s_1 = -\frac{x}{\sqrt{x^2+y^2}} ; \tag{1.37}$$

$$
\begin{aligned}
\mathrm{c}_1 &= \frac{y}{\sqrt{x^2+y^2}}\ ; && (1.38)\\
\mathrm{s}_4 &= \mathrm{s}_\Phi\ ; && (1.39)\\
\mathrm{c}_4 &= \mathrm{c}_\Phi\ ; && (1.40)\\
-\mathrm{s}_1 d_3 &= x\ ; && (1.41)\\
\mathrm{c}_1 d_3 &= y\ ; && (1.42)\\
d_2 &= z\ . && (1.43)
\end{aligned}
$$

Dalle relazioni (1.39), (1.40) e (1.43) si ricava

$$d_2 = z$$

$$\theta_4 = \Phi\ .$$

Anche il calcolo di θ_1 risulta piuttosto semplice se si utilizzano le espressioni (1.37) e (1.38)

$$\theta_1 = \mathrm{Atan2}\left(-\frac{x}{\sqrt{x^2+y^2}}, \frac{y}{\sqrt{x^2+y^2}}\right) = \mathrm{Atan2}\,(-x, y)$$

Per ricavare d_3 si considerano le espressioni (1.41) e (1.42) elevate al quadrato e sommate tra loro

$$
\begin{aligned}
\mathrm{s}_1^2 d_3^2 &= x^2\\
\mathrm{c}_1^2 d_3^2 &= y^2\\
&\Downarrow\\
(\mathrm{s}_1^2+\mathrm{c}_1^2) d_3^2 &= x^2+y^2\\
&\Downarrow\\
d_3 &= \pm\sqrt{x^2+y^2}\ .
\end{aligned}
$$

La soluzione negativa di d_4 può essere scartata vista la conformazione del manipolatore.

Per finire, si analizzino i casi singolari. L'unica soluzione critica si ha quando $x = y = 0$. Ammesso che tale punto sia compreso entro lo spazio di lavoro del manipolatore (visto il tipo di manipolatore si dovrebbe concludere che $x = y = 0$ non è un punto di lavoro raggiungibile), si avrebbero infinite soluzioni per quanto riguarda θ_1.

Esercizio 8.

Sia dato il manipolatore PRRP riportato in figura.

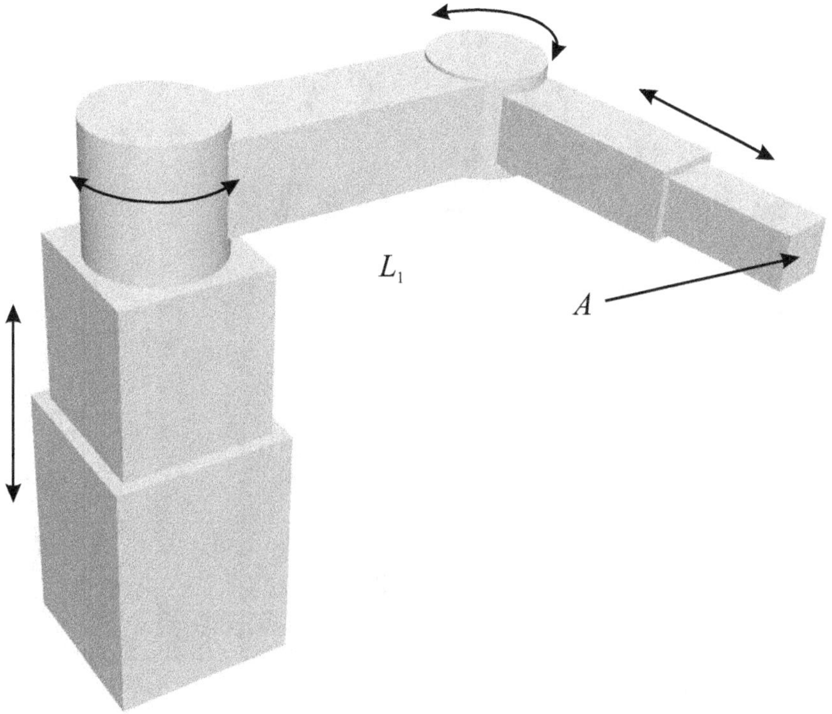

Si chiede di:

1. Fissare le terne ai bracci del manipolatore usando la convenzione di Denavit-Hartenberg modificata e determinare i parametri cinematici. Si ponga l'origine dell'ultima terna nella posizione A indicata in figura;
2. Determinare la matrice di trasformazione omogenea ${}^0_4\mathbf{T}(d_1, \theta_2, \theta_3, d_4)$, dove $\{0\}$ e $\{4\}$ denotano rispettivamente la terna di base e la terna di polso;
3. Il manipolatore può essere descritto nello spazio operativo tramite le coordinate dell'origine della terna $\{4\}$ descritta rispetto alla terna $\{0\}$ (coordinate x, y e z) e un angolo Φ tra il versore $\hat{\mathbf{x}}_0$ e il versore $\hat{\mathbf{z}}_4$ il cui segno è definito dal versore $\hat{\mathbf{z}}_0$: determinare la matrice di trasformazione omogenea ${}^0_4\mathbf{T}(x, y, z, \Phi)$;
4. Risolvere la cinematica inversa del manipolatore trattando i casi singolari e specificando il numero di soluzioni che il problema ammette.

Soluzione.

1) Terne e parametri cinematici.

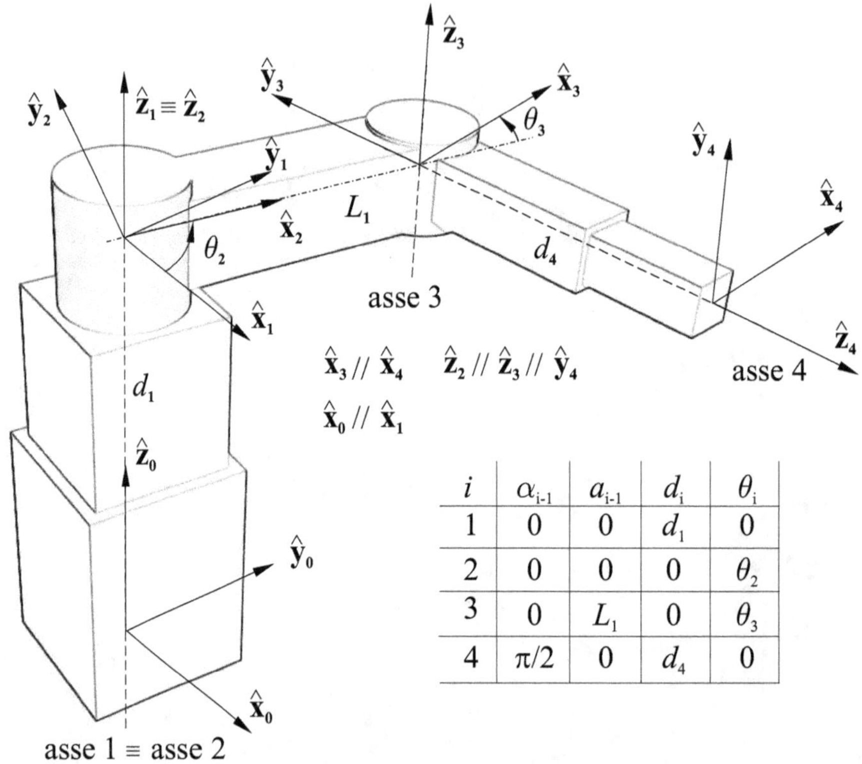

i	α_{i-1}	a_{i-1}	d_i	θ_i
1	0	0	d_1	0
2	0	0	0	θ_2
3	0	L_1	0	θ_3
4	$\pi/2$	0	d_4	0

2) La matrice di trasformazione omogenea ${}^0_4\mathbf{T}(d_1, \theta_2, \theta_3, d_4)$.

$$
{}^0_1\mathbf{T} = \begin{bmatrix} 1 & 0 & 0 & 0 \\ 0 & 1 & 0 & 0 \\ 0 & 0 & 1 & d_1 \\ 0 & 0 & 0 & 1 \end{bmatrix} \qquad
{}^1_2\mathbf{T} = \begin{bmatrix} c_2 & -s_2 & 0 & 0 \\ s_2 & c_2 & 0 & 0 \\ 0 & 0 & 1 & 0 \\ 0 & 0 & 0 & 1 \end{bmatrix}
$$

$$
{}^2_3\mathbf{T} = \begin{bmatrix} c_3 & -s_3 & 0 & L_1 \\ s_3 & c_3 & 0 & 0 \\ 0 & 0 & 1 & 0 \\ 0 & 0 & 0 & 1 \end{bmatrix} \qquad
{}^3_4\mathbf{T} = \begin{bmatrix} 1 & 0 & 0 & 0 \\ 0 & 0 & -1 & -d_4 \\ 0 & 1 & 0 & 0 \\ 0 & 0 & 0 & 1 \end{bmatrix}
$$

$$
{}^0_2\mathbf{T} = \begin{bmatrix} c_2 & -s_2 & 0 & 0 \\ s_2 & c_2 & 0 & 0 \\ 0 & 0 & 1 & d_1 \\ 0 & 0 & 0 & 1 \end{bmatrix} \qquad
{}^2_4\mathbf{T} = \begin{bmatrix} c_3 & 0 & s_3 & s_3 d_4 + L_1 \\ s_3 & 0 & -c_3 & -c_3 d_4 \\ 0 & 1 & 0 & 0 \\ 0 & 0 & 0 & 1 \end{bmatrix}
$$

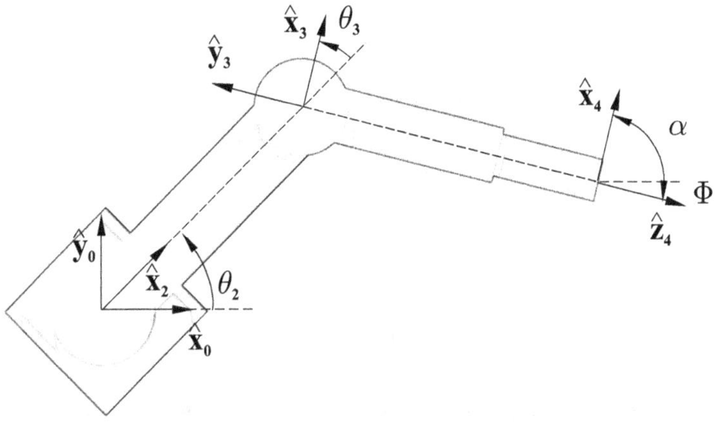

Figura 1.8 Proiezione sul piano orizzontale delle terne del manipolatore

$$
{}^0_4\mathbf{T} = \begin{bmatrix} c_2c_3 - s_2s_3 & 0 & s_2c_3 + c_2s_3 & (s_2c_3 + c_2s_3)d_4 + c_2L_1 \\ s_2c_3 + c_2s_3 & 0 & -c_2c_3 + s_2s_3 & (-c_2c_3 + s_2s_3)d_4 + s_2L_1 \\ 0 & 1 & 0 & d_1 \\ 0 & 0 & 0 & 1 \end{bmatrix}
$$

$$
{}^0_4\mathbf{T} = \begin{bmatrix} c_{23} & 0 & s_{23} & s_{23}d_4 + c_2L_1 \\ s_{23} & 0 & -c_{23} & -c_{23}d_4 + s_2L_1 \\ 0 & 1 & 0 & d_1 \\ 0 & 0 & 0 & 1 \end{bmatrix} .
$$

3) La matrice di trasformazione omogenea ${}^0_4\mathbf{T}(x, y, z, \Phi)$.

È possibile esprimere l'orientamento della terna $\{4\}$ attraverso due sole rotazioni per assi mobili. La prima rotazione dovrà avvenire attorno all'asse $\hat{\mathbf{z}}_0$, in modo da allineare il versore $\hat{\mathbf{x}}_0$ con il vettore $\hat{\mathbf{x}}_4$. Osservando la figura 1.8, in cui è rappresentata una vista dall'alto del manipolatore, si può constatare che l'angolo di rotazione necessario per ottenere l'allineamento desiderato è pari ad $\alpha = \pi/2 + \Phi$ (si noti che l'angolo Φ riportato in figura risulta negativo e questo fa sì che α assuma il valore corretto). La prima matrice di rotazione sarà

$$
\mathbf{R}_z(\alpha) := \begin{bmatrix} c\left(\Phi + \frac{\pi}{2}\right) & -s\left(\Phi + \frac{\pi}{2}\right) & 0 \\ s\left(\Phi + \frac{\pi}{2}\right) & c\left(\Phi + \frac{\pi}{2}\right) & 0 \\ 0 & 0 & 1 \end{bmatrix} = \begin{bmatrix} -s_\Phi & -c_\Phi & 0 \\ c_\Phi & -s_\Phi & 0 \\ 0 & 0 & 1 \end{bmatrix} .
$$

La seconda rotazione avverrà attorno all'asse $\mathbf{x}$ corrente (cioè $\hat{\mathbf{x}}_4$) e servirà ad allinearsi con la terna $\{4\}$. È necessaria una rotazione positiva pari a $\pi/2$.

$$
\mathbf{R}_x(\pi/2) := \begin{bmatrix} 1 & 0 & 0 \\ 0 & 0 & -1 \\ 0 & 1 & 0 \end{bmatrix} .
$$

La matrice di rotazione $\mathbf{R}(\Phi)$ sarà data dal prodotto

$$ {}^0_4\mathbf{R}(\Phi) = \mathbf{R}_z(\Phi)\mathbf{R}_x(\pi/2) = \begin{bmatrix} -\mathrm{s}_\Phi & 0 & \mathrm{c}_\Phi \\ \mathrm{c}_\Phi & 0 & \mathrm{s}_\Phi \\ 0 & 1 & 0 \end{bmatrix} $$

e, quindi,

$$ {}^0_4\mathbf{T}(x, y, z, \Phi) = \begin{bmatrix} -\mathrm{s}_\Phi & 0 & \mathrm{c}_\Phi & x \\ \mathrm{c}_\Phi & 0 & \mathrm{s}_\Phi & y \\ 0 & 1 & 0 & z \\ 0 & 0 & 0 & 1 \end{bmatrix} . $$

4) Soluzione della cinematica inversa.

Dal confronto tra le due matrici di trasformazione omogenea si ricavano le seguenti espressioni

$$ \mathrm{s}_{23} = \mathrm{c}_\Phi \; ; \quad (1.44) $$

$$ \mathrm{c}_{23} = -\mathrm{s}_\Phi \; ; \quad (1.45) $$

$$ \mathrm{s}_{23}d_4 + \mathrm{c}_2 L_1 = x \; ; \quad (1.46) $$

$$ -\mathrm{c}_{23}d_4 + \mathrm{s}_2 L_1 = y \; ; \quad (1.47) $$

$$ d_1 = z \; . \quad (1.48) $$

L'equazione (1.48) fornisce immediatamente il valore di d_1. Per ricavare θ_2 si considerino le equazioni (1.46) e (1.47)

$$ \begin{cases} \mathrm{s}_{23}d_4 + \mathrm{c}_2 L_1 = x \\ -\mathrm{c}_{23}d_4 + \mathrm{s}_2 L_1 = y \end{cases} \Rightarrow \begin{cases} \mathrm{c}_\Phi d_4 + \mathrm{c}_2 L_1 = x \\ \mathrm{s}_\Phi d_4 + \mathrm{s}_2 L_1 = y \end{cases} $$

$$ \Downarrow $$

$$ \begin{cases} \mathrm{c}_\Phi d_4 = x - \mathrm{c}_2 L_1 \\ \mathrm{s}_\Phi d_4 = y - \mathrm{s}_2 L_1 \end{cases} \Rightarrow \begin{cases} \mathrm{c}_\Phi \mathrm{s}_\Phi d_4 = (x - \mathrm{c}_2 L_1)\,\mathrm{s}_\Phi \\ \mathrm{c}_\Phi \mathrm{s}_\Phi d_4 = (y - \mathrm{s}_2 L_1)\,\mathrm{c}_\Phi \end{cases} $$

Sottraendo la seconda riga alla prima si ottiene

$$ (x - \mathrm{c}_2 L_1)\,\mathrm{s}_\Phi - (y - \mathrm{s}_2 L_1)\,\mathrm{c}_\Phi = 0 $$

$$ L_1\,(\mathrm{c}_2\mathrm{s}_\Phi - \mathrm{s}_2\mathrm{c}_\Phi) = x\mathrm{s}_\Phi - y\mathrm{c}_\Phi $$

$$ \mathrm{c}_2\mathrm{s}_\Phi - \mathrm{s}_2\mathrm{c}_\Phi = (x\mathrm{s}_\Phi - y\mathrm{c}_\Phi)\,/L_1 $$

ovvero, quella ottenuta è una equazione trigonometrica del tipo

$$ a\cos\theta_2 + b\sin\theta_2 = c $$

dove $a = \mathrm{s}_\Phi$, $b = -\mathrm{c}_\Phi$ e $c = (x\mathrm{s}_\Phi - y\mathrm{c}_\Phi)\,/L_1$. È noto che la soluzione di questo tipo di equazione è data dalla relazione

$$ \theta_2 = 2\ \mathrm{Atan}\left(\frac{b \pm \sqrt{b^2 + a^2 - c^2}}{a + c}\right) $$

che, nel caso in questione, consente di ottenere

$$\begin{aligned}\theta_2 &= 2\,\text{Atan}\left(\frac{-\mathrm{c}_\Phi \pm \sqrt{\mathrm{c}_\Phi^2 + \mathrm{s}_\Phi^2 - (x\mathrm{s}_\Phi - y\mathrm{c}_\Phi)^2 / L_1^2}}{\mathrm{s}_\Phi + (x\mathrm{s}_\Phi - y\mathrm{c}_\Phi)/L_1}\right) = \\ &= 2\,\text{Atan}\left(\frac{-L_1\mathrm{c}_\Phi \pm \sqrt{L_1^2 - (x\mathrm{s}_\Phi - y\mathrm{c}_\Phi)^2}}{L_1\mathrm{s}_\Phi + x\mathrm{s}_\Phi - y\mathrm{c}_\Phi}\right)\end{aligned}$$

La variabile θ_2 non presenta casi singolari in quanto la funzione Atan è sempre definita tra $-\infty$ e ∞. Si noti, inoltre, come sono previste due soluzioni per θ_2.

La variabile d_4 può essere valutata ricordando che valgono le relazioni

$$\begin{cases} \mathrm{c}_\Phi d_4 = x - \mathrm{c}_2 L_1 \\ \mathrm{s}_\Phi d_4 = y - \mathrm{s}_2 L_1 \end{cases}$$

$$\mathrm{c}_\Phi^2 d_4^2 + \mathrm{s}_\Phi^2 d_4^2 = y^2 - 2y\mathrm{s}_2 L_1 + \mathrm{s}_2^2 L_1^2 + x^2 - 2x\mathrm{c}_2 L_1 + \mathrm{c}_2^2 L_1^2$$

$$\Downarrow$$

$$d_4 = \sqrt{y^2 + x^2 + L_1^2 - 2\,(y\mathrm{s}_2 + x\mathrm{c}_2)\,L_1}$$

Vista la geometria del manipolatore, sono state escluse le soluzioni in cui d_4 risulta essere negativo. In ogni caso, d_4 presenta due diverse soluzioni a causa delle due diverse soluzioni previste per θ_2. Non sono previsti casi singolari per d_4.

In conclusione, dalle (1.44) e (1.45) si ricava immediatamente che

$$\theta_2 + \theta_3 = \Phi + \frac{\pi}{2}$$

e, dunque,

$$\theta_3 = \Phi + \frac{\pi}{2} - \theta_2 \,.$$

Anche per θ_3 sono previste due soluzioni e nessun caso singolare.

Soluzione alternativa.

La matrice di trasformazione omogenea può essere ricavata in modo differente. Analogamente, anche la cinematica inversa può essere risolta in modo differente. Nel seguito, per il problema proposto, verrà presentata una tecnica solutiva alternativa.

3) La matrice di trasformazione omogenea ${}^0_4\mathbf{T}(x, y, z, \Phi)$.

La matrice di trasformazione omogenea può essere ricavata basandosi su considerazioni puramente geometriche. Si faccia riferimento alla rappresentazione schematica dall'alto del manipolatore, riportata in figura 1.8. Con il manipolatore disposto come in figura, gli angoli θ_2 e θ_3 risultano essere positivi, mentre l'angolo Φ risulta negativo. Questa considerazione tornerà utile al momento di fissare i segni dei termini che compaiono entro la matrice di trasformazione omogenea.

Si ricavi ${}^0_4\mathbf{R}(\Phi) = \left[{}^0\hat{\mathbf{x}}_4(\Phi)\ {}^0\hat{\mathbf{y}}_4(\Phi)\ {}^0\hat{\mathbf{z}}_4(\Phi)\right]$. Poiché $\hat{\mathbf{z}}_0$ e $\hat{\mathbf{y}}_4$ risultano orientati nello stesso modo, si avrà che

$${}^0\hat{\mathbf{y}}_4 = [0\ 0\ 1]^T.$$

La proiezione del versore $\hat{\mathbf{z}}_4$ su $\hat{\mathbf{x}}_0$ è data dal coseno dell'angolo Φ ed è positiva. La proiezione di $\hat{\mathbf{z}}_4$ su $\hat{\mathbf{y}}_0$ è data dal seno di Φ ed è negativa. Si conclude che

$${}^0\hat{\mathbf{z}}_4(\Phi) = [\mathrm{c}_\Phi\ \mathrm{s}_\Phi\ 0]^T.$$

Si noti che non sono state apportate modifiche ai segni dei termini che compaiono entro il vettore in quanto, con il manipolatore disposto come in figura 1.8, si ha che $\cos\Phi > 0$ e che $\sin\Phi < 0$, ovvero i segni delle componenti del versore $\hat{\mathbf{z}}_4$ sono già quelli corretti. Per finire, si può ottenere ${}^0\hat{\mathbf{x}}_4(\Phi)$ dal prodotto vettoriale tra ${}^0\hat{\mathbf{y}}_4(\Phi)$ e ${}^0\hat{\mathbf{z}}_4(\Phi)$

$${}^0\hat{\mathbf{z}}_4(\Phi) =^0 \hat{\mathbf{y}}_4(\Phi) \times^0 \hat{\mathbf{z}}_4(\Phi) = [-\mathrm{s}_\Phi\ \mathrm{c}_\Phi\ 0]^T.$$

Pertanto, la matrice di rotazione ${}^0_4\mathbf{R}(\Phi) = \left[{}^0\hat{\mathbf{x}}_4(\Phi)\ {}^0\hat{\mathbf{y}}_4(\Phi)\ {}^0\hat{\mathbf{z}}_4(\Phi)\right]$ sarà ancora data da

$${}^0_4\mathbf{R}(\Phi) = \begin{bmatrix} -\mathrm{s}_\Phi & 0 & \mathrm{c}_\Phi \\ \mathrm{c}_\Phi & 0 & \mathrm{s}_\Phi \\ 0 & 1 & 0 \end{bmatrix}$$

e, quindi,

$${}^0_4\mathbf{T}(x, y, z, \Phi) = \begin{bmatrix} -\mathrm{s}_\Phi & 0 & \mathrm{c}_\Phi & x \\ \mathrm{c}_\Phi & 0 & \mathrm{s}_\Phi & y \\ 0 & 1 & 0 & z \\ 0 & 0 & 0 & 1 \end{bmatrix}.$$

4) Soluzione della cinematica inversa.

Sono ancora valide le relazioni (1.44)–(1.48), per cui è ancora vero che $d_1 = z$. Si sommi la (1.46) moltiplicata per c_{23} con la (1.47) moltiplicata per s_{23}

$$\begin{array}{c} \mathrm{c}_{23}\mathrm{s}_{23}d_4 + \mathrm{c}_{23}\mathrm{c}_2 L_1 = \mathrm{c}_{23}x \\ -\mathrm{s}_{23}\mathrm{c}_{23}d_4 + \mathrm{s}_{23}\mathrm{s}_2 L_1 = \mathrm{s}_{23}y \\ \hline (\mathrm{c}_{23}\mathrm{c}_2 + \mathrm{s}_{23}\mathrm{s}_2)L_1 = \mathrm{c}_{23}x + \mathrm{s}_{23}y \\ \Downarrow \\ \cos(\theta_2 + \theta_3 - \theta_2)L_1 = -\mathrm{s}_\Phi x + \mathrm{c}_\Phi y\ . \end{array}$$

Da quest'ultima relazione si ricava

$$\theta_3 = \pm\arccos\left[\frac{\mathrm{c}_\Phi y - \mathrm{s}_\Phi x}{L_1}\right].$$

Si hanno ancora due soluzioni per θ_3 e nessun caso singolare. La variabile θ_2 può essere valutata ricordando che

$$\theta_2 + \theta_3 = \Phi + \frac{\pi}{2}$$

e, dunque,

$$\theta_2 = \Phi + \frac{\pi}{2} - \theta_3 .$$

Anche per θ_2 sono previste due soluzioni e nessun caso singolare.

Per il calcolo di d_4 si moltiplichi la (1.46) per s_{23} e si sommi il risultato alla (1.47) moltiplicata per $-\mathrm{c}_{23}$

$$\begin{array}{c} \mathrm{s}_{23}^2 d_4 + \mathrm{c}_2\,\mathrm{s}_{23} L_1 = x\,\mathrm{s}_{23} \\ \mathrm{c}_{23}^2 d_4 - \mathrm{s}_2\,\mathrm{c}_{23} L_1 = -y\,\mathrm{c}_{23} \\ \hline d_4 + (\mathrm{c}_2\,\mathrm{s}_{23} - \mathrm{s}_2\,\mathrm{c}_{23}) L_1 = x\,\mathrm{s}_{23} - y\,\mathrm{c}_{23} \\ \Downarrow \\ d_4 = -\mathrm{s}_3\,L_1 + x\,\mathrm{c}_\Phi + y\,\mathrm{s}_\Phi \,. \end{array}$$

A causa delle due soluzioni di θ_3, si avranno due soluzioni anche per d_4. Non sono previsti casi singolari.

Esercizio 9.

Sia dato il manipolatore RPRR riportato in figura.

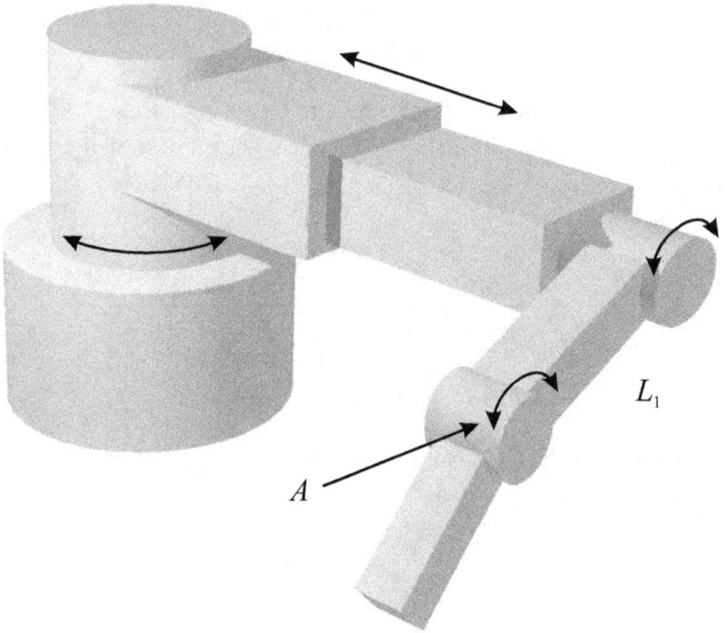

Si chiede di:

1. Fissare le terne ai bracci del manipolatore usando la convenzione di Denavit-Hartenberg modificata, ponendo l'origine dell'ultima terna nel punto A indicato in figura. Determinare i parametri cinematici;
2. Determinare la matrice di trasformazione omogenea ${}^0_4\mathbf{T}(\theta_1, d_2, \theta_3, \theta_4)$, dove $\{0\}$ e $\{4\}$ denotano rispettivamente la terna di base e la terna di polso;
3. Supponendo nota la matrice di trasformazione omogenea

$$ {}^0_4\mathbf{T} = \begin{bmatrix} r_{11} & r_{12} & r_{13} & x \\ r_{21} & r_{22} & r_{23} & y \\ r_{31} & r_{32} & 0 & z \\ 0 & 0 & 0 & 1 \end{bmatrix} $$

   valutare la cinematica inversa del manipolatore trattando anche i casi singolari.
4. Chiamato Φ l'angolo tra il versore $\hat{\mathbf{x}}_1$ e il versore $\hat{\mathbf{x}}_4$ il cui segno è definito dal verso di $\hat{\mathbf{z}}_2$, valutare la matrice di trasformazione omogenea ${}^0_4\mathbf{T}(x, y, z, \Phi)$ ipotizzando che $\theta_3 \in [-\pi/2, \pi/2]$.
5. Valutare la cinematica inversa del manipolatore utilizzando la matrice ${}^0_4\mathbf{T}(x, y, z, \Phi)$.

Soluzione.

1) Terne e parametri cinematici.

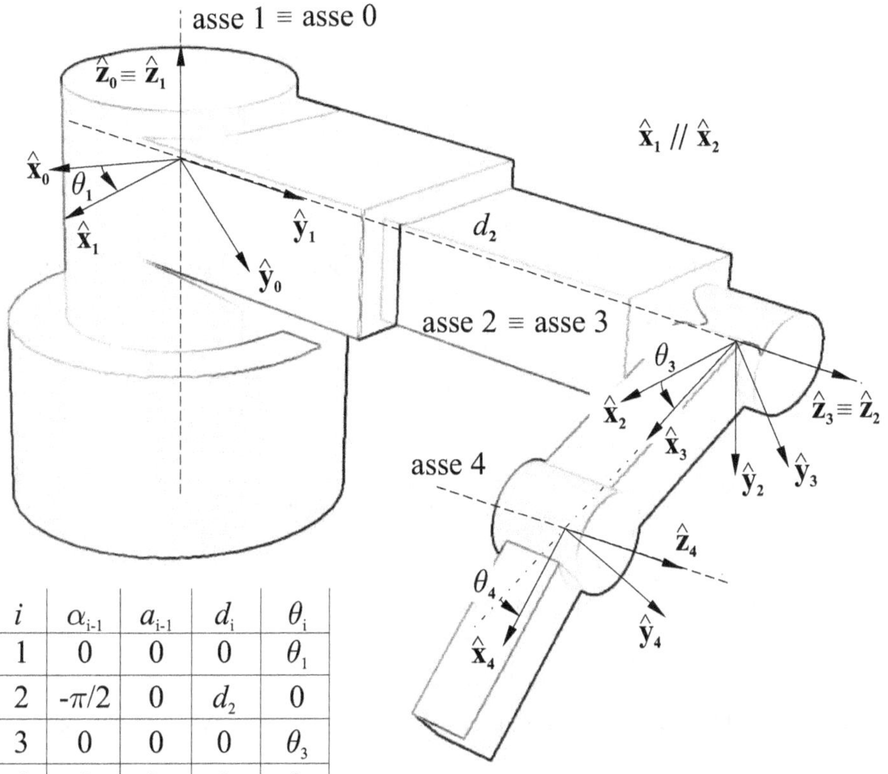

i	α_{i-1}	a_{i-1}	d_i	θ_i
1	0	0	0	θ_1
2	$-\pi/2$	0	d_2	0
3	0	0	0	θ_3
4	0	L_1	0	θ_4

2) La matrice di trasformazione omogenea ${}^0_4\mathbf{T}(\theta_1, d_2, \theta_3, \theta_4)$.

$$
{}^0_1\mathbf{T} = \begin{bmatrix} c_1 & -s_1 & 0 & 0 \\ s_1 & c_1 & 0 & 0 \\ 0 & 0 & 1 & 0 \\ 0 & 0 & 0 & 1 \end{bmatrix} \quad
{}^1_2\mathbf{T} = \begin{bmatrix} 1 & 0 & 0 & 0 \\ 0 & 0 & 1 & d_2 \\ 0 & -1 & 0 & 0 \\ 0 & 0 & 0 & 1 \end{bmatrix}
$$

$$
{}^2_3\mathbf{T} = \begin{bmatrix} c_3 & -s_3 & 0 & 0 \\ s_3 & c_3 & 0 & 0 \\ 0 & 0 & 1 & 0 \\ 0 & 0 & 0 & 1 \end{bmatrix} \quad
{}^3_4\mathbf{T} = \begin{bmatrix} c_4 & -s_4 & 0 & L_1 \\ s_4 & c_4 & 0 & 0 \\ 0 & 0 & 1 & 0 \\ 0 & 0 & 0 & 1 \end{bmatrix}
$$

$$
{}^0_2\mathbf{T} = \begin{bmatrix} c_1 & 0 & -s_1 & -s_1 d_2 \\ s_1 & 0 & c_1 & c_1 d_2 \\ 0 & -1 & 0 & 0 \\ 0 & 0 & 0 & 1 \end{bmatrix} \qquad {}^2_4\mathbf{T} = \begin{bmatrix} c_{34} & -s_{34} & 0 & L_1 c_3 \\ s_{34} & c_{34} & 0 & L_1 s_3 \\ 0 & 0 & 1 & 0 \\ 0 & 0 & 0 & 1 \end{bmatrix}
$$

$$
{}^0_4\mathbf{T} = \begin{bmatrix} c_1 c_{34} & -c_1 s_{34} & -s_1 & L_1 c_1 c_3 - d_2 s_1 \\ s_1 c_{34} & -s_1 s_{34} & c_1 & L_1 s_1 c_3 + d_2 c_1 \\ -s_{34} & -c_{34} & 0 & -L_1 s_3 \\ 0 & 0 & 0 & 1 \end{bmatrix}
$$

3) Soluzione della cinematica inversa.

Dal confronto tra le due matrici di trasformazione omogenea si ricavano le seguenti espressioni

$$
\begin{aligned}
s_1 &= -r_{13}\ ; && (1.49)\\
c_1 &= r_{23}\ ; && (1.50)\\
s_{34} &= -r_{31}\ ; && (1.51)\\
c_{34} &= -r_{32}\ ; && (1.52)\\
L_1\, c_1\, c_3 - d_2\, s_1 &= x\ ; && (1.53)\\
L_1\, s_1\, c_3 + d_2\, c_1 &= y\ ; && (1.54)\\
L_1\, s_3 &= -z\ . && (1.55)
\end{aligned}
$$

La valutazione di θ_1 è immediata per via delle (1.49) e (1.50)

$$
\theta_1 = \mathrm{Atan2}(s_1, c_1) = \mathrm{Atan2}(-r_{13}, r_{23})\ .
$$

Questa relazione non potrà mai essere singolare in quanto s_1 e c_1 (e quindi r_{13} ed r_{23}) non possono mai essere nulli simultaneamente. Se si dovesse verificare una eventualità del genere ($r_{13} = r_{23} = 0$), vorrà dire che l'orientamento assegnato non appartiene allo spazio di lavoro del manipolatore.

Per valutare d_2 si moltiplichi la (1.53) per $-s_1$ e si sommi il risultato alla (1.54) moltiplicata per c_1

$$
\begin{array}{c}
-L_1\, s_1\, c_1\, c_3 + d_2\, s_1^2 = -x\, s_1 \\
L_1\, s_1\, c_1\, c_3 + d_2\, c_1^2 = y\, c_1 \\
\hline
d_2 = y\, c_1 - x\, s_1 \\
\Downarrow \\
d_2 = y\, r_{23} + x\, r_{13}
\end{array}
$$

La soluzione relativa alla variabile d_2 non presenta casi singolari.

Per il calcolo di θ_3 si moltiplichi la relazione (1.53) per c_1 e la relazione (1.54) per s_1. Dalla somma delle espressioni così ottenute si ricava

$$\begin{array}{ll} L_1\,\mathrm{c}_1^2\,\mathrm{c}_3 - d_2\,\mathrm{s}_1\,\mathrm{c}_1 & = x\,\mathrm{c}_1 \\ L_1\,\mathrm{s}_1^2\,\mathrm{c}_3 + d_2\,\mathrm{s}_1\,\mathrm{c}_1 & = y\,\mathrm{s}_1 \\ \hline L_1\,\mathrm{c}_3\,(\mathrm{c}_1^2 + \mathrm{s}_1^2) & = x\,\mathrm{c}_1 + y\,\mathrm{s}_1 \end{array}$$

$$\Downarrow$$

$$\mathrm{c}_3 = \frac{x\,\mathrm{c}_1 + y\,\mathrm{s}_1}{L_1}$$

Ricordando la (1.55), si ottiene

$$\theta_3 = \mathrm{Atan2}(\mathrm{s}_3, \mathrm{c}_3) = \mathrm{Atan2}\left(-\frac{z}{L_1}, \frac{x\,\mathrm{c}_1 + y\,\mathrm{s}_1}{L_1}\right) = \mathrm{Atan2}(-z, x\,r_{23} - y\,r_{13})\,.$$

Teoricamente questa relazione potrebbe essere singolare nel caso in cui $z = 0$ e $x\,\mathrm{c}_1 + y\,\mathrm{s}_1 = 0$. Tuttavia la condizione $x\,\mathrm{c}_1 + y\,\mathrm{s}_1 = 0$ implica che $\mathrm{c}_3 = 0$ (si veda l'espressione poco sopra) e, dunque, il braccio 3 risulterebbe disposto in posizione perfettamente verticale. In tale configurazione, la variabile z non potrà mai essere nulla e, quindi, si può concludere che la singolarità ipotizzata non si potrà mai verificare.

Sfruttando le (1.51) e (1.52) si ottiene

$$\theta_3 + \theta_4 = \mathrm{Atan2}(\mathrm{s}_{34}, \mathrm{c}_{34}) = \mathrm{Atan2}(-r_{31}, -r_{32})$$

e, quindi,

$$\theta_4 = \mathrm{Atan2}(-r_{31}, -r_{32}) - \theta_3\,.$$

Anche questa relazione non può essere singolare se non a causa di un errore nell'assegnazione della matrice di trasformazione omogenea.

4) La matrice di trasformazione omogenea $^0_4\mathbf{T}(x, y, z, \Phi)$.

È possibile esprimere l'orientamento della terna $\{4\}$ attraverso tre rotazioni per assi mobili. La prima rotazione dovrà avvenire attorno all'asse $\hat{\mathbf{z}}_1$, in modo da allineare la terna $\{0\}$ con la terna $\{1\}$. In pratica, sarà necessario compiere una rotazione pari a $\gamma = \theta_1$. Non potendo esprimere la matrice di rotazione in funzione delle variabili di giunto, è necessario esprimere θ_1 come funzione delle variabili dello spazio operativo. In figura 1.9 è riportata una vista laterale del manipolatore. Dalla figura si deduce che $a = \sqrt{L_1^2 - z^2}$. Passando alla vista dall'alto riportata in figura 1.10, si verifica che l'angolo γ è ottenibile dalla somma di α con β. Si osservi che l'angolo β deve risultare sempre maggiore o uguale a zero in quanto si è assunto che $\theta_3 \in [-\pi/2, \pi/2]$. In particolare, si ha che $\alpha = \mathrm{Atan2}(-x, y)$ mentre $\beta = \arcsin\left(\frac{a}{\sqrt{x^2 + y^2}}\right) = \arcsin\left(\sqrt{\frac{L_1^2 - z^2}{x^2 + y^2}}\right)$. Il segno negativo introdotto nella espressione di α è dovuto al fatto che α deve essere positivo, mentre x, per la configurazione considerata, risulta negativo. Nel caso di β, poiché la funzione arcoseno rende

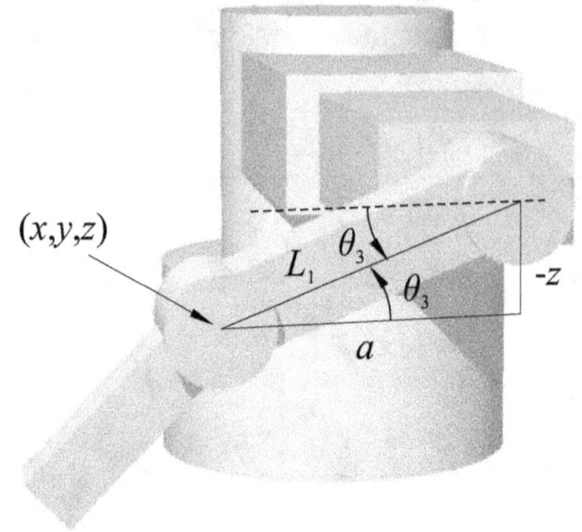

Figura 1.9 Vista laterale del manipolatore.

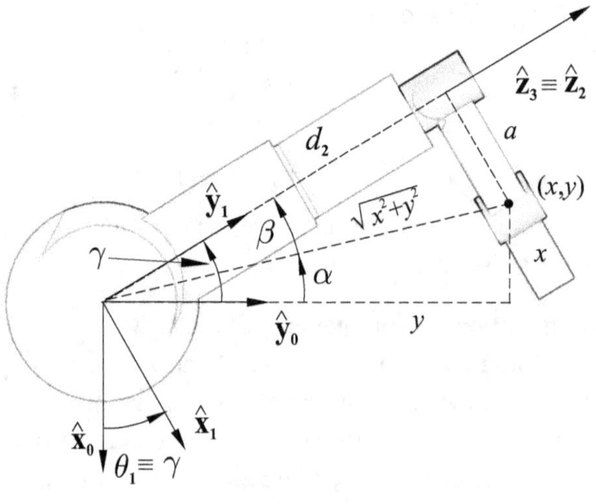

Figura 1.10 Proiezione sul piano orizzontale del manipolatore.

sempre un risultato maggiore o uguale a zero, non è necessario apportare correttivi. Si noti, inoltre, che la relazione non è utilizzabile nel caso in cui $|z| > L_1$, in quanto il termine sotto radice assumerebbe un segno negativo. È chiaro che, se una eventualità di questo tipo si verificasse, il punto di lavoro sarebbe stato assegnato erroneamente al di fuori dello spazio di lavoro raggiungibile. Viste queste considerazioni, è possibile scrivere

$$\gamma(x, y, z) = \alpha + \beta = \text{Atan2}(-x, y) + \arcsin\left(\sqrt{\frac{L_1^2 - z^2}{x^2 + y^2}}\right). \tag{1.56}$$

Di conseguenza, la prima matrice di rotazione sarà data da

$$\mathbf{R}_z(\gamma) := \begin{bmatrix} \mathrm{c}_\gamma & -\mathrm{s}_\gamma & 0 \\ \mathrm{s}_\gamma & \mathrm{c}_\gamma & 0 \\ 0 & 0 & 1 \end{bmatrix}.$$

La seconda rotazione avverrà attorno all'asse $\hat{\mathbf{x}}_1$ e servirà ad allineare l'asse corrente $\hat{\mathbf{z}}$ (ovvero $\hat{\mathbf{z}}_1$) con l'asse $\hat{\mathbf{z}}_4$: è necessaria una rotazione pari a $-\pi/2$

$$\mathbf{R}_x(-\pi/2) := \begin{bmatrix} 1 & 0 & 0 \\ 0 & 0 & 1 \\ 0 & -1 & 0 \end{bmatrix}.$$

La terza e ultima rotazione sarà attorno all'asse $\hat{\mathbf{z}}$ e servirà ad ottenere l'allineamento finale. La rotazione sarà pari a Φ

$$\mathbf{R}_z(\Phi) := \begin{bmatrix} \mathrm{c}_\Phi & -\mathrm{s}_\Phi & 0 \\ \mathrm{s}_\Phi & \mathrm{c}_\Phi & 0 \\ 0 & 0 & 1 \end{bmatrix}.$$

La matrice di rotazione $\mathbf{R}(x, y, z, \Phi)$ sarà data dal prodotto

$$\begin{aligned} {}^0_4\mathbf{R}(x, y, z, \Phi) &= \mathbf{R}_z(x, y, z)\mathbf{R}_x(-\pi/2)\mathbf{R}_z(\Phi) = \\ &= \begin{bmatrix} \mathrm{c}_\gamma\,\mathrm{c}_\Phi & -\mathrm{c}_\gamma\,\mathrm{s}_\Phi & -\mathrm{s}_\gamma \\ \mathrm{s}_\gamma\,\mathrm{c}_\Phi & -\mathrm{s}_\gamma\,\mathrm{s}_\Phi & \mathrm{c}_\gamma \\ -\mathrm{s}_\Phi & -\mathrm{c}_\Phi & 0 \end{bmatrix} \end{aligned}$$

e, quindi,

$${}^0_4\mathbf{T}(x, y, z, \Phi) = \left[\begin{array}{ccc|c} \mathrm{c}_\gamma\,\mathrm{c}_\Phi & -\mathrm{c}_\gamma\,\mathrm{s}_\Phi & -\mathrm{s}_\gamma & x \\ \mathrm{s}_\gamma\,\mathrm{c}_\Phi & -\mathrm{s}_\gamma\,\mathrm{s}_\Phi & \mathrm{c}_\gamma & y \\ -\mathrm{s}_\Phi & -\mathrm{c}_\Phi & 0 & z \\ \hline 0 & 0 & 0 & 1 \end{array}\right],$$

con γ definito dalla relazione (1.56).

5) Calcolo della cinematica inversa tramite la matrice di trasformazione omogenea ${}^0_4\mathbf{T}(x, y, z, \Phi)$.

Poiché $\theta_1 = \gamma$, l'espressione (1.56) fornisce immediatamente la soluzione per questa variabile di giunto. La soluzione non presenta singolarità visto che il punto $x = y = 0$ è al di fuori dello spazio di lavoro del manipolatore.

Il procedimento di calcolo per d_2 e di θ_3 è lo stesso della soluzione precedentemente ricavata. In particolare, poiché $r_{23} = \mathrm{c}_\gamma$, mentre $r_{13} = -\mathrm{s}_\gamma$, si ottiene

$$d_2 = y\, r_{23} + x\, r_{13} = y\, \mathrm{c}_\gamma - x\, \mathrm{s}_\gamma$$

e, analogamente,

$$\theta_3 = \mathrm{Atan2}(-z, x\, r_{23} - y\, r_{13}) = \mathrm{Atan2}(-z, x\, \mathrm{c}_\gamma + y\, \mathrm{s}_\gamma) \; .$$

Infine, poiché $\mathrm{s}_{34} = \mathrm{s}_\Phi$ e $\mathrm{c}_{34} = \mathrm{c}_\Phi$, si ricava

$$\theta_4 = \Phi - \theta_3 \; .$$

Esercizio 10.

Sia dato il manipolatore PRPR riportato in figura.

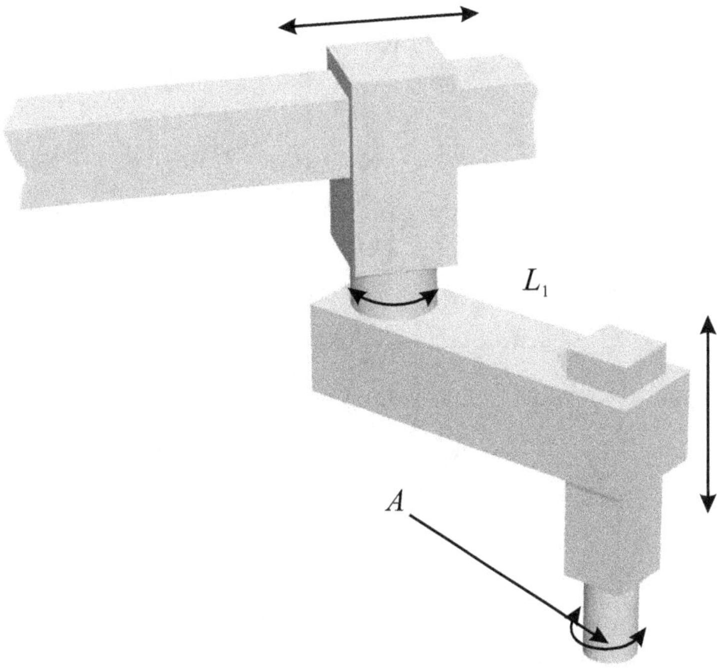

Si chiede di:

1. Fissare le terne ai bracci del manipolatore usando la convenzione di Denavit-Hartenberg modificata e determinare i parametri cinematici. Si ponga l'origine dell'ultima terna nella posizione A indicata in figura;
2. Determinare la matrice di trasformazione omogenea ${}^0_4\mathbf{T}(d_1, \theta_2, d_3, \theta_4)$, dove $\{0\}$ e $\{4\}$ denotano rispettivamente la terna di base e la terna di polso;
3. Il manipolatore può essere descritto nello spazio operativo tramite le coordinate dell'origine della terna $\{4\}$ descritta rispetto alla terna $\{0\}$ (coordinate x, y e z) e un angolo Φ tra il versore $\hat{\mathbf{z}}_0$ e il versore $\hat{\mathbf{x}}_4$ il cui segno è definito dal versore $\hat{\mathbf{y}}_0$: determinare la matrice di trasformazione omogenea ${}^0_4\mathbf{T}(x, y, z, \Phi)$;
4. Risolvere la cinematica inversa del manipolatore trattando i casi singolari e specificando il numero di soluzioni che il problema ammette.

Soluzione.

1) Terne e parametri cinematici.

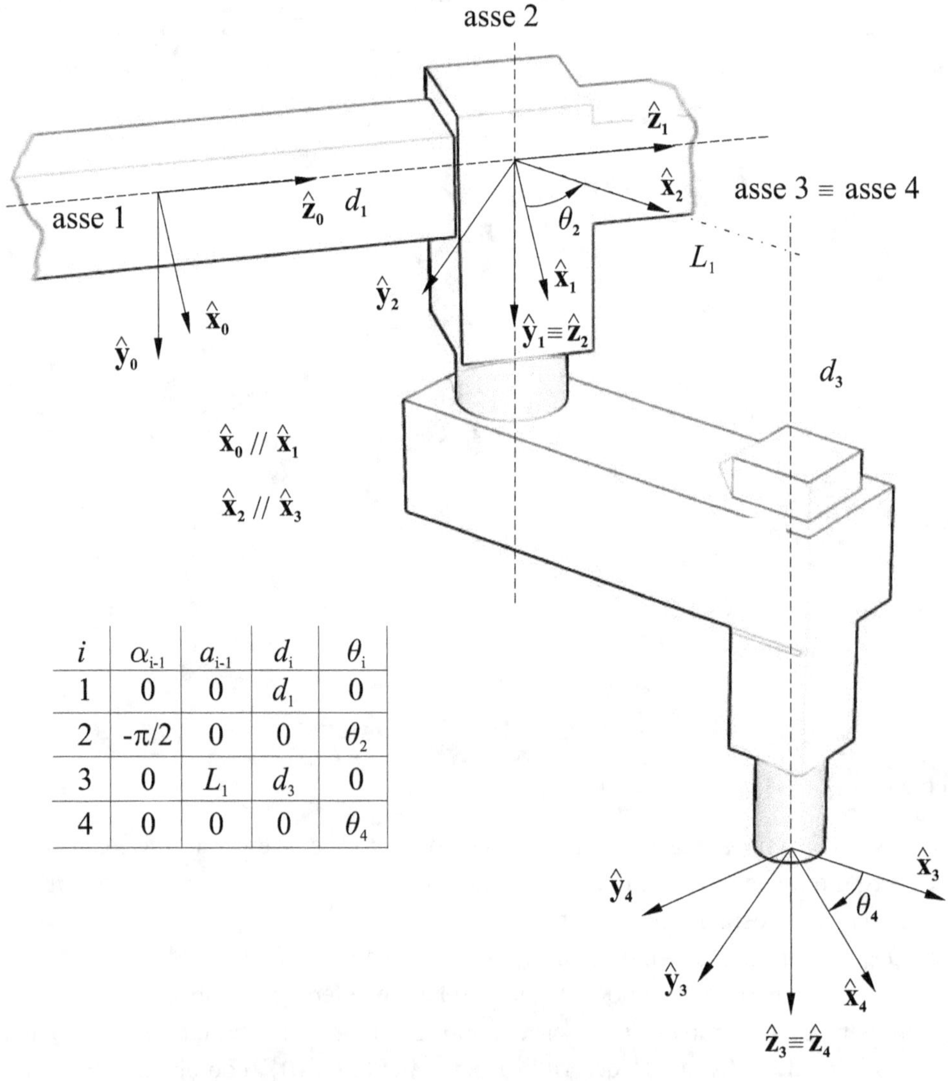

i	α_{i-1}	a_{i-1}	d_i	θ_i
1	0	0	d_1	0
2	$-\pi/2$	0	0	θ_2
3	0	L_1	d_3	0
4	0	0	0	θ_4

2) La matrice di trasformazione omogenea ${}^0_4\mathbf{T}(d_1, \theta_2, \theta_3, d_4)$.

$$
{}^0_1\mathbf{T} = \begin{bmatrix} 1 & 0 & 0 & 0 \\ 0 & 1 & 0 & 0 \\ 0 & 0 & 1 & d_1 \\ 0 & 0 & 0 & 1 \end{bmatrix} \quad {}^1_2\mathbf{T} = \begin{bmatrix} c_2 & -s_2 & 0 & 0 \\ 0 & 0 & 1 & 0 \\ -s_2 & -c_2 & 0 & 0 \\ 0 & 0 & 0 & 1 \end{bmatrix}
$$

$$ {}^2_3\mathbf{T} = \begin{bmatrix} 1 & 0 & 0 & L_1 \\ 0 & 1 & 0 & 0 \\ 0 & 0 & 1 & d_3 \\ 0 & 0 & 0 & 1 \end{bmatrix} \quad {}^3_4\mathbf{T} = \begin{bmatrix} \mathrm{c}_4 & -\mathrm{s}_4 & 0 & 0 \\ \mathrm{s}_4 & \mathrm{c}_4 & 0 & 0 \\ 0 & 0 & 1 & 0 \\ 0 & 0 & 0 & 1 \end{bmatrix} $$

$$ {}^0_2\mathbf{T} = \begin{bmatrix} \mathrm{c}_2 & -\mathrm{s}_2 & 0 & 0 \\ 0 & 0 & 1 & 0 \\ -\mathrm{s}_2 & -\mathrm{c}_2 & 0 & d_1 \\ 0 & 0 & 0 & 1 \end{bmatrix} \quad {}^2_4\mathbf{T} = \begin{bmatrix} \mathrm{c}_4 & -\mathrm{s}_4 & 0 & L_1 \\ \mathrm{s}_4 & \mathrm{c}_4 & 0 & 0 \\ 0 & 0 & 1 & d_3 \\ 0 & 0 & 0 & 1 \end{bmatrix} $$

$$ {}^0_4\mathbf{T} = \begin{bmatrix} \mathrm{c}_{24} & -\mathrm{s}_{24} & 0 & \mathrm{c}_2 L_1 \\ 0 & 0 & 1 & d_3 \\ -\mathrm{s}_{24} & -\mathrm{c}_{24} & 0 & -\mathrm{s}_2 L_1 + d_1 \\ 0 & 0 & 0 & 1 \end{bmatrix} . $$

3) La matrice di trasformazione omogenea ${}^0_4\mathbf{T}(x, y, z, \Phi)$.

È possibile esprimere l'orientamento della terna $\{4\}$ attraverso due sole rotazioni per assi mobili. La prima rotazione dovrà avvenire attorno all'asse $\hat{\mathbf{y}}_0$ e il suo scopo sarà quello di allineare il vettore $\hat{\mathbf{x}}_0$ con il vettore $\hat{\mathbf{x}}_4$. Vista la definizione data dell'angolo Φ, una rotazione attorno a $\hat{\mathbf{y}}_0$ di un angolo Φ porterà il versore $\hat{\mathbf{z}}_0$ ad allinearsi con il vettore $\hat{\mathbf{x}}_4$ e, ovviamente, il versore $\hat{\mathbf{x}}_0$ con il versore $\hat{\mathbf{y}}_4$. Se si desidera, invece, ottenere l'allineamento tra $\hat{\mathbf{x}}_0$ e il versore $\hat{\mathbf{x}}_4$, si dovrà ulteriormente ruotare attorno a $\hat{\mathbf{y}}_0$ di un angolo pari a $-\pi/2$. La rotazione complessiva attorno a $\hat{\mathbf{y}}_0$ sarà dunque pari ad un angolo $\Phi - \pi/2$ e, di conseguenza, la prima matrice di rotazione sarà data da

$$ \mathbf{R}_y(\Phi - \pi/2) := \begin{bmatrix} \cos(\Phi - \pi/2) & 0 & \sin(\Phi - \pi/2) \\ 0 & 1 & 0 \\ -\sin(\Phi - \pi/2) & 0 & \cos(\Phi - \pi/2) \end{bmatrix} = \begin{bmatrix} \mathrm{s}_\Phi & 0 & -\mathrm{c}_\Phi \\ 0 & 1 & 0 \\ \mathrm{c}_\Phi & 0 & \mathrm{s}_\Phi \end{bmatrix} . $$

La seconda rotazione avverrà attorno all'asse $\hat{\mathbf{x}}$ corrente e servirà ad ottenere l'allineamento definitivo con la terna $\{4\}$. È necessaria una rotazione pari a $-\pi/2$.

$$ \mathbf{R}_x(-\pi/2) := \begin{bmatrix} 1 & 0 & 0 \\ 0 & 0 & 1 \\ 0 & -1 & 0 \end{bmatrix} . $$

La matrice di rotazione $\mathbf{R}(\Phi)$ sarà data dal prodotto

$$ \begin{aligned} {}^0_4\mathbf{R}(\Phi) &= \mathbf{R}_y(\Phi - \pi/2)\, \mathbf{R}_x(-\pi/2) = \\ &= \begin{bmatrix} \mathrm{s}_\Phi & \mathrm{c}_\Phi & 0 \\ 0 & 0 & 1 \\ \mathrm{c}_\Phi & -\mathrm{s}_\Phi & 0 \end{bmatrix} \end{aligned} $$

e, quindi,

$$ {}^0_4\mathbf{T}(x, y, z, \Phi) = \begin{bmatrix} \mathrm{s}_\Phi & \mathrm{c}_\Phi & 0 & x \\ 0 & 0 & 1 & y \\ \mathrm{c}_\Phi & -\mathrm{s}_\Phi & 0 & z \\ 0 & 0 & 0 & 1 \end{bmatrix} . $$

4) Soluzione della cinematica inversa.
Dal confronto tra le due matrici di trasformazione omogenea si ricavano le seguenti espressioni

$$
\begin{aligned}
\mathrm{s}_{24} &= -\mathrm{c}_{\Phi}\ ; &\quad (1.57)\\
\mathrm{c}_{24} &= \mathrm{s}_{\Phi}\ ; &\quad (1.58)\\
\mathrm{c}_2\, L_1 &= x\ ; &\quad (1.59)\\
d_3 &= y\ ; &\quad (1.60)\\
-\mathrm{s}_2\, L_1 + d_1 &= z\ . &\quad (1.61)
\end{aligned}
$$

Dalla (1.59) si ricava immediatamente che

$$\theta_2 = \pm\,\arccos\left(\frac{x}{L_1}\right)\ .$$

Sono quindi presenti due diverse soluzioni mai singolari. I punti per i quali si ha che $|x| > L_1$ sono chiaramente al di fuori dello spazio di lavoro del manipolatore. Il valore di d_3 è dato dalla relazione (1.60), mentre quello di d_1 deriva dalla (1.61)

$$d_1 = z + \mathrm{s}_2\, L_1\ .$$

Viste le due diverse soluzioni previste per θ_2, anche d_1 assumerà due diversi valori.

Dal confronto tra le due espressioni (1.57) e (1.58) si ricava che

$$\theta_2 + \theta_4 = \Phi - \frac{\pi}{2} \quad \Rightarrow \quad \theta_4 = \Phi - \frac{\pi}{2} - \theta_2\ .$$

Anche θ_4 assume due diversi valori a causa di θ_2.

In conclusione, la cinematica inversa ammette due diverse soluzioni e nessun caso singolare.

Esercizio 11.

Sia dato il manipolatore RPRR riportato in figura.

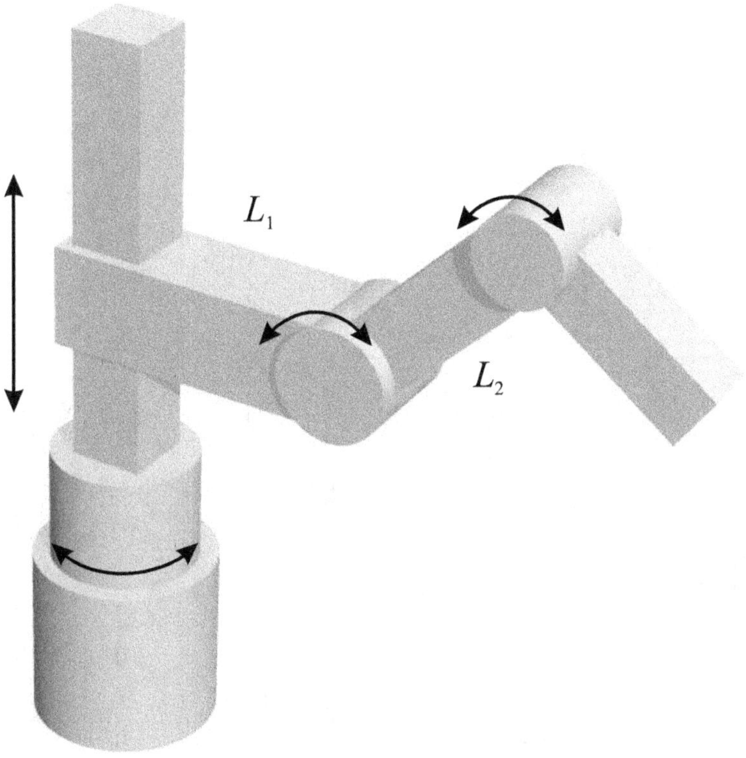

Si chiede di:

1. Fissare le terne ai bracci del manipolatore usando la convenzione di Denavit-Hartenberg modificata e determinare i parametri cinematici;
2. Determinare la matrice di trasformazione omogenea ${}^0_4\mathbf{T}(\theta_1, d_2, \theta_3, \theta_4)$, dove $\{0\}$ e $\{4\}$ denotano rispettivamente la terna di base e la terna di polso;
3. Il manipolatore può essere descritto nello spazio operativo tramite le coordinate dell'origine della terna $\{4\}$ descritta rispetto alla terna $\{0\}$ (coordinate x, y e z) e un angolo Φ tra il versore $\hat{\mathbf{x}}_1$ e il versore $\hat{\mathbf{x}}_4$ il cui segno è definito dal versore $\hat{\mathbf{y}}_1$: determinare la matrice di trasformazione omogenea ${}^0_4\mathbf{T}(x, y, z, \Phi)$;
4. Risolvere la cinematica inversa del manipolatore nell'ipotesi che $L_1 > L_2$, trattando i casi singolari e specificando il numero di soluzioni che il problema ammette.

Soluzione.

1) Terne e parametri cinematici.

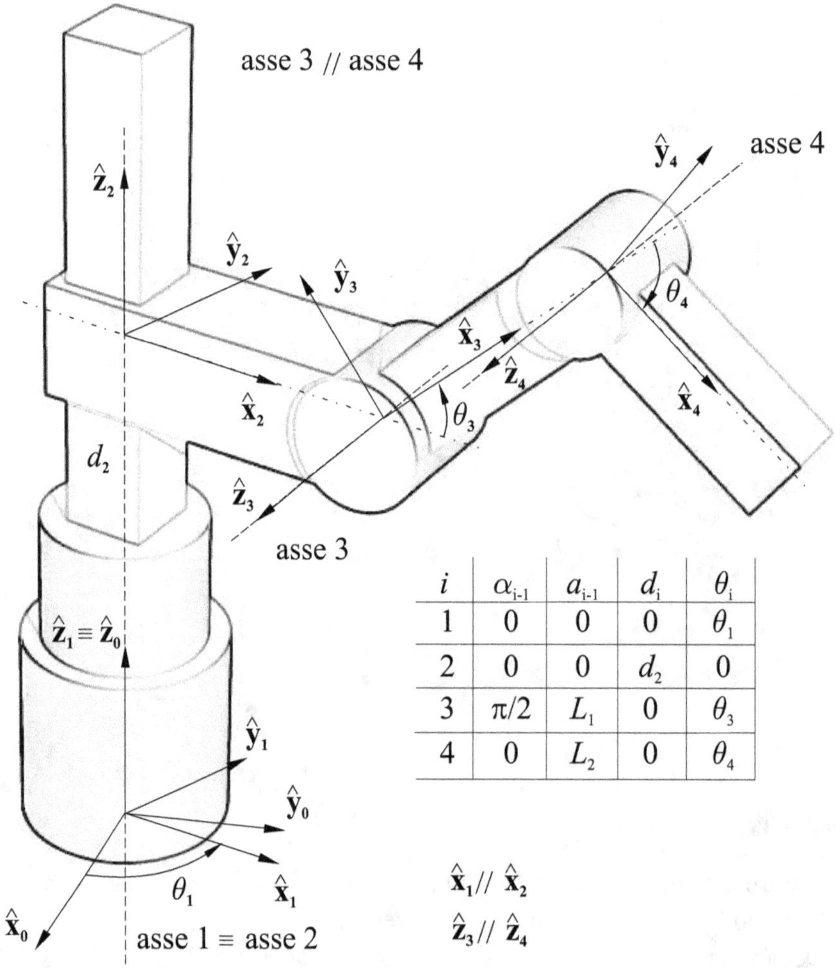

i	α_{i-1}	a_{i-1}	d_i	θ_i
1	0	0	0	θ_1
2	0	0	d_2	0
3	$\pi/2$	L_1	0	θ_3
4	0	L_2	0	θ_4

2) La matrice di trasformazione omogenea $^0_4\mathbf{T}(\theta_1, d_2, \theta_3, \theta_4)$.

$$
{}^0_1\mathbf{T} = \begin{bmatrix} c_1 & -s_1 & 0 & 0 \\ s_1 & c_1 & 0 & 0 \\ 0 & 0 & 1 & 0 \\ 0 & 0 & 0 & 1 \end{bmatrix} \qquad {}^1_2\mathbf{T} = \begin{bmatrix} 1 & 0 & 0 & 0 \\ 0 & 1 & 0 & 0 \\ 0 & 0 & 1 & d_2 \\ 0 & 0 & 0 & 1 \end{bmatrix}
$$

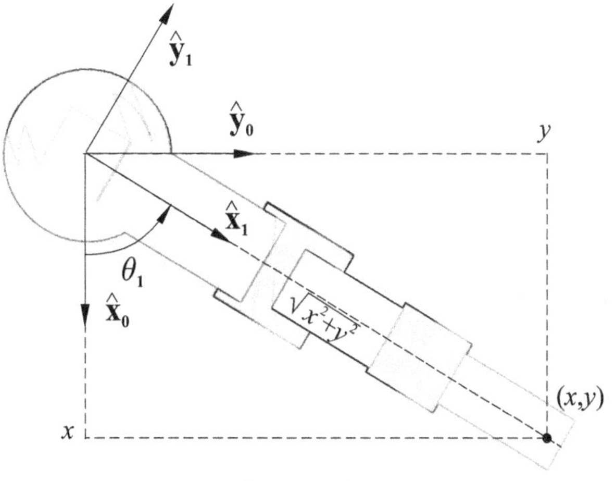

Figura 1.11 Proiezione sul piano orizzontale delle terne del manipolatore

$$
{}^{2}_{3}\mathbf{T} = \begin{bmatrix} c_3 & -s_3 & 0 & L_1 \\ 0 & 0 & -1 & 0 \\ s_3 & c_3 & 0 & 0 \\ 0 & 0 & 0 & 1 \end{bmatrix} \qquad {}^{3}_{4}\mathbf{T} = \begin{bmatrix} c_4 & -s_4 & 0 & L_2 \\ s_4 & c_4 & 0 & 0 \\ 0 & 0 & 1 & 0 \\ 0 & 0 & 0 & 1 \end{bmatrix}
$$

$$
{}^{0}_{2}\mathbf{T} = \begin{bmatrix} c_1 & -s_1 & 0 & 0 \\ s_1 & c_1 & 0 & 0 \\ 0 & 0 & 1 & d_2 \\ 0 & 0 & 0 & 1 \end{bmatrix} \qquad {}^{2}_{4}\mathbf{T} = \begin{bmatrix} c_{34} & -s_{34} & 0 & L_2\, c_3 + L_1 \\ 0 & 0 & -1 & 0 \\ s_{34} & c_{34} & 0 & L_2\, s_3 \\ 0 & 0 & 0 & 1 \end{bmatrix}
$$

$$
{}^{0}_{4}\mathbf{T} = \left[\begin{array}{ccc|c} c_1\, c_{34} & -c_1\, s_{34} & s_1 & c_1\,(L_2\, c_3 + L_1) \\ s_1\, c_{34} & -s_1\, s_{34} & -c_1 & s_1\,(L_2\, c_3 + L_1) \\ s_{34} & c_{34} & 0 & L_2\, s_3 + d_2 \\ \hline 0 & 0 & 0 & 1 \end{array}\right] .
$$

3) La matrice di trasformazione omogenea ${}^{0}_{4}\mathbf{T}(x, y, z, \Phi)$.

È possibile esprimere l'orientamento della terna $\{4\}$ attraverso tre rotazioni per assi mobili. La prima rotazione dovrà avvenire attorno all'asse $\hat{\mathbf{z}}_0$ e il suo scopo sarà quello di allineare la terna $\{0\}$ con la terna $\{1\}$. Sarà necessaria una rotazione di un angolo pari a θ_1. Non potendo esprimere la matrice di rotazione in funzione delle variabili di giunto, è necessario esprimere θ_1 come funzione delle variabili dello spazio operativo. In figura 1.11 è riportata una vista schematica dall'alto del manipolatore. Osservando la figura, è immediato constatare che $\cos(\theta_1) = c_1 = x/\sqrt{x^2 + y^2}$ e che $\sin(\theta_1) = s_1 = y/\sqrt{x^2 + y^2}$. Di conseguenza, la prima matrice di rotazione sarà

$$\mathbf{R}_z(\theta_1) := \begin{bmatrix} c_1 & -s_1 & 0 \\ s_1 & c_1 & 0 \\ 0 & 0 & 1 \end{bmatrix} \Rightarrow \mathbf{R}_z(x,y) := \begin{bmatrix} \frac{x}{\sqrt{x^2+y^2}} & \frac{-y}{\sqrt{x^2+y^2}} & 0 \\ \frac{y}{\sqrt{x^2+y^2}} & \frac{x}{\sqrt{x^2+y^2}} & 0 \\ 0 & 0 & 1 \end{bmatrix}.$$

Vista la definizione data dell'angolo Φ, una rotazione attorno all'asse $\hat{\mathbf{y}}$ corrente (ovvero $\hat{\mathbf{y}}_1$) di un angolo Φ porterà il versore $\hat{\mathbf{x}}$ corrente ad allinearsi con il vettore $\hat{\mathbf{x}}_4$. La seconda rotazione sarà pertanto espressa tramite la matrice

$$\mathbf{R}_y(\Phi) := \begin{bmatrix} c_\Phi & 0 & s_\Phi \\ 0 & 1 & 0 \\ -s_\Phi & 0 & c_\Phi \end{bmatrix}.$$

La terza ed ultima rotazione avverrà attorno all'asse $\hat{\mathbf{x}}$ corrente e servirà ad ottenere l'allineamento definitivo con la terna $\{4\}$. È necessaria una rotazione pari a $\pi/2$.

$$\mathbf{R}_x(\pi/2) := \begin{bmatrix} 1 & 0 & 0 \\ 0 & 0 & -1 \\ 0 & 1 & 0 \end{bmatrix}.$$

La matrice di rotazione $\mathbf{R}(x,y,\Phi)$ sarà data dal prodotto

$$\begin{aligned} {}^0_4\mathbf{R}(x,y,\Phi) &= \mathbf{R}_z(x,y)\,\mathbf{R}_y(\Phi)\,\mathbf{R}_x(\pi/2) = \\ &= \begin{bmatrix} \frac{x}{\sqrt{x^2+y^2}}\,c_\Phi & \frac{x}{\sqrt{x^2+y^2}}\,s_\Phi & \frac{y}{\sqrt{x^2+y^2}} \\ \frac{y}{\sqrt{x^2+y^2}}\,c_\Phi & \frac{y}{\sqrt{x^2+y^2}}\,s_\Phi & \frac{-x}{\sqrt{x^2+y^2}} \\ -s_\Phi & c_\Phi & 0 \end{bmatrix} \end{aligned}$$

e, quindi,

$${}^0_4\mathbf{T}(x,y,z,\Phi) = \left[\begin{array}{ccc|c} \frac{x}{\sqrt{x^2+y^2}}\,c_\Phi & \frac{x}{\sqrt{x^2+y^2}}\,s_\Phi & \frac{y}{\sqrt{x^2+y^2}} & x \\ \frac{y}{\sqrt{x^2+y^2}}\,c_\Phi & \frac{y}{\sqrt{x^2+y^2}}\,s_\Phi & \frac{-x}{\sqrt{x^2+y^2}} & y \\ -s_\Phi & c_\Phi & 0 & z \\ \hline 0 & 0 & 0 & 1 \end{array}\right].$$

4) Soluzione della cinematica inversa.

Dal confronto tra le due matrici di trasformazione omogenea si ricavano le seguenti espressioni

$$s_1 = \frac{y}{\sqrt{x^2+y^2}}\,; \tag{1.62}$$

$$c_1 = \frac{x}{\sqrt{x^2+y^2}}\,; \tag{1.63}$$

$$s_{34} = -s_\Phi\,; \tag{1.64}$$

$$c_{34} = c_\Phi\,; \tag{1.65}$$

$$\begin{aligned} c_1\,(L_2\,c_3 + L_1) &= x\ ; & (1.66)\\ s_1\,(L_2\,c_3 + L_1) &= y\ ; & (1.67)\\ L_2\,s_3 + d_2 &= z\ . & (1.68) \end{aligned}$$

Dalle (1.62) e (1.63) si ricava immediatamente che

$$\theta_1 = \text{Atan2}\left(\frac{y}{\sqrt{x^2+y^2}}, \frac{x}{\sqrt{x^2+y^2}}\right) = \text{Atan2}(y, x)\ .$$

La relazione appena trovata non è mai singolare in quanto la condizione $L_1 > L_2$ garantisce che la situazione critica $x = y = 0$ non sia mai verificata.

Sommando i quadrati delle relazioni (1.66) e (1.67) si ottiene

$$\begin{array}{ll} c_1^2\,(L_2\,c_3 + L_1)^2 & = x^2 \\ s_1^2\,(L_2\,c_3 + L_1)^2 & = y^2 \\ \hline (c_1^2 + s_1^2)\,(L_2\,c_3 + L_1)^2 & = x^2 + y^2 \\ \Downarrow & \\ L_2\,c_3 + L_1 & = \pm\sqrt{x^2+y^2}\ . \end{array}$$

La condizione $L_1 > L_2$ permette di escludere il segno negativo davanti alla radice quadrata ($L_2\,c_3 + L_1$ è sempre positivo) e, pertanto,

$$c_3 = \frac{\sqrt{x^2+y^2} - L_1}{L_2} \quad \Rightarrow \quad \theta_3 = \pm\,\text{arccos}\left(\frac{\sqrt{x^2+y^2} - L_1}{L_2}\right)$$

Sono quindi presenti due diverse soluzioni mai singolari. La soluzione è ammissibile purché

$$\left|\frac{\sqrt{x^2+y^2} - L_1}{L_2}\right| \leq 1\ .$$

Grazie ad un semplice sviluppo si dimostra che questa condizione è verificata se

$$L_1 - L_2 \leq \sqrt{x^2+y^2} \leq L_1 + L_2\ ,$$

ovvero se il punto assegnato appartiene allo spazio di lavoro del manipolatore.

Il valore di d_2 deriva dalla (1.68)

$$d_2 = z - L_2\,s_3\ .$$

Viste le due diverse soluzioni previste per θ_3, anche d_2 assumerà due diversi valori.

Dal confronto tra le due espressioni (1.64) e (1.65) si ricava infine che

$$\theta_3 + \theta_4 = -\Phi \quad \Rightarrow \quad \theta_4 = -\Phi - \theta_3\ .$$

Anche θ_4 assume due diversi valori a causa di θ_3.

In conclusione, la cinematica inversa ammette due diverse soluzioni e nessun caso singolare.

Esercizio 12.

Sia dato il manipolatore PPRR riportato in figura.

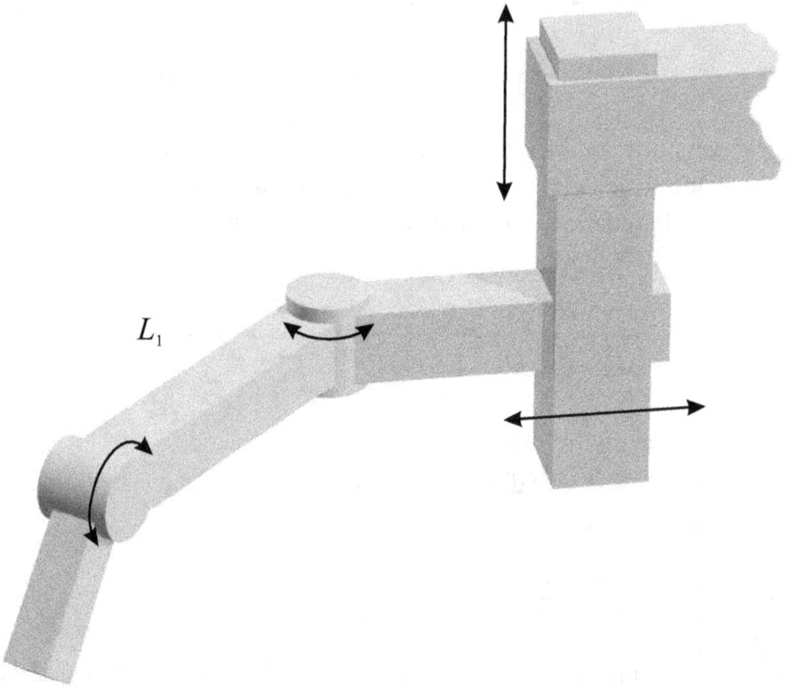

Si chiede di:

1. Fissare le terne ai bracci del manipolatore usando la convenzione di Denavit-Hartenberg modificata e determinare i parametri cinematici;
2. Determinare la matrice di trasformazione omogenea ${}^0_4\mathbf{T}(d_1, d_2, \theta_3, \theta_4)$, dove $\{0\}$ e $\{4\}$ denotano rispettivamente la terna di base e la terna di polso;
3. Il manipolatore può essere descritto nello spazio operativo tramite le coordinate y e z dell'origine della terna $\{4\}$ descritta rispetto alla terna $\{0\}$ e una coppia di angoli. In particolare, si adotti un angolo Ψ tra il versore $\hat{\mathbf{z}}_2$ e il versore $\hat{\mathbf{x}}_3$, definendone il segno attraverso il versore $\hat{\mathbf{z}}_0$, ed un angolo Φ tra il versore $\hat{\mathbf{x}}_3$ e il versore $\hat{\mathbf{x}}_4$, definendone il segno attraverso il versore $\hat{\mathbf{z}}_4$: si determini la matrice di trasformazione omogenea ${}^0_4\mathbf{T}(y, z, \Psi, \Phi)$;
4. Risolvere la cinematica inversa del manipolatore trattando i casi singolari e specificando il numero di soluzioni che il problema ammette.

Soluzione.

1) Terne e parametri cinematici.

i	α_{i-1}	a_{i-1}	d_i	θ_i
1	0	0	d_1	0
2	$\pi/2$	0	d_2	0
3	$-\pi/2$	0	0	θ_3
4	$-\pi/2$	L_1	0	θ_4

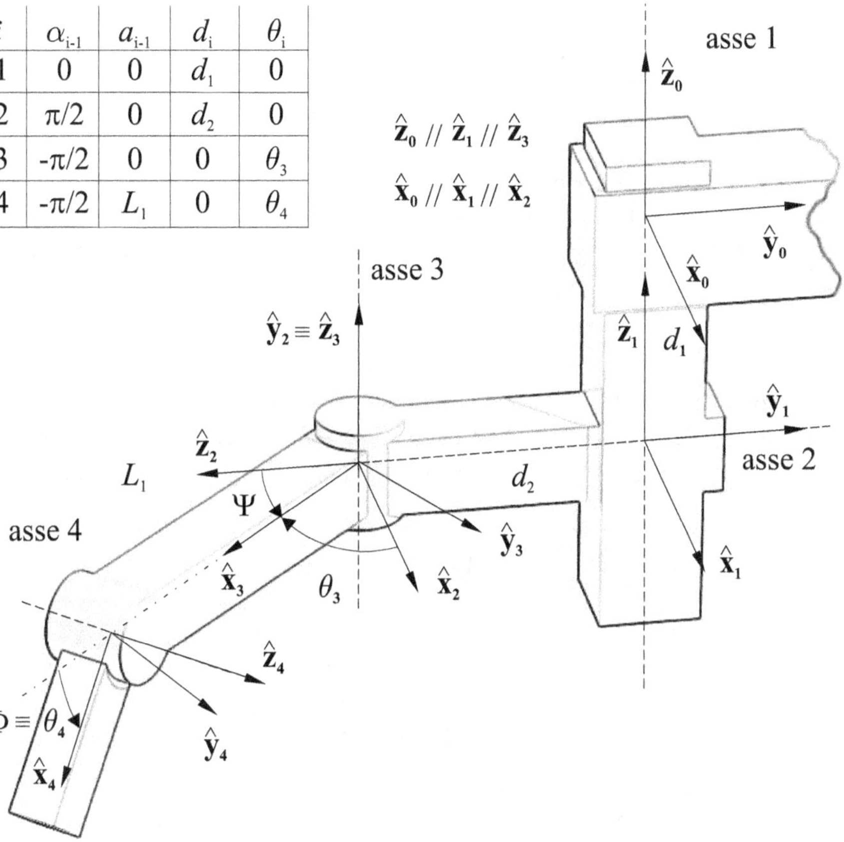

2) La matrice di trasformazione omogenea ${}^0_4\mathbf{T}(d_1, d_2, \theta_3, \theta_4)$.

$$
{}^0_1\mathbf{T} = \begin{bmatrix} 1 & 0 & 0 & 0 \\ 0 & 1 & 0 & 0 \\ 0 & 0 & 1 & d_1 \\ 0 & 0 & 0 & 1 \end{bmatrix} \qquad {}^1_2\mathbf{T} = \begin{bmatrix} 1 & 0 & 0 & 0 \\ 0 & 0 & -1 & -d_2 \\ 0 & 1 & 0 & 0 \\ 0 & 0 & 0 & 1 \end{bmatrix}
$$

$$
{}^2_3\mathbf{T} = \begin{bmatrix} c_3 & -s_3 & 0 & 0 \\ 0 & 0 & 1 & 0 \\ -s_3 & -c_3 & 0 & 0 \\ 0 & 0 & 0 & 1 \end{bmatrix} \qquad {}^3_4\mathbf{T} = \begin{bmatrix} c_4 & -s_4 & 0 & L_1 \\ 0 & 0 & 1 & 0 \\ -s_4 & -c_4 & 0 & 0 \\ 0 & 0 & 0 & 1 \end{bmatrix}
$$

$$
{}^{0}_{2}\mathbf{T} = \begin{bmatrix} 1 & 0 & 0 & 0 \\ 0 & 0 & -1 & -d_2 \\ 0 & 1 & 0 & d_1 \\ 0 & 0 & 0 & 1 \end{bmatrix} \qquad {}^{2}_{4}\mathbf{T} = \begin{bmatrix} \mathrm{c}_3\mathrm{c}_4 & -\mathrm{c}_3\mathrm{s}_4 & -\mathrm{s}_3 & L_1\mathrm{c}_3 \\ -\mathrm{s}_4 & -\mathrm{c}_4 & 0 & 0 \\ -\mathrm{s}_3\mathrm{c}_4 & \mathrm{s}_3\mathrm{s}_4 & -\mathrm{c}_3 & -L_1\mathrm{s}_3 \\ 0 & 0 & 0 & 1 \end{bmatrix}
$$

$$
{}^{0}_{4}\mathbf{T} = \begin{bmatrix} \mathrm{c}_3\mathrm{c}_4 & -\mathrm{c}_3\mathrm{s}_4 & -\mathrm{s}_3 & L_1\mathrm{c}_3 \\ \mathrm{s}_3\mathrm{c}_4 & -\mathrm{s}_3\mathrm{s}_4 & \mathrm{c}_3 & L_1\mathrm{s}_3 - d_2 \\ -\mathrm{s}_4 & -\mathrm{c}_4 & 0 & d_1 \\ 0 & 0 & 0 & 1 \end{bmatrix} .
$$

3) La matrice di trasformazione omogenea ${}^{0}_{4}\mathbf{T}(y, z, \Psi, \Phi)$**.**

È possibile esprimere l'orientamento della terna $\{4\}$ attraverso tre rotazioni per assi mobili. La prima rotazione dovrà avvenire attorno all'asse $\hat{\mathbf{z}}_0$, in modo da allineare la terna $\{0\}$ direttamente con la terna $\{3\}$. In pratica, sarà necessario compiere una rotazione pari a θ_3. Non potendo esprimere la matrice di rotazione in funzione delle variabili di giunto, è necessario esprimere θ_3 come funzione delle variabili dello spazio operativo.

In particolare, osservando la figura è immediato constatare che, in corrispondenza della disposizione scelta del manipolatore, si ha che $\theta_3 < 0$ mentre $\Psi > 0$ e, pertanto, si può affermare che $\theta_3 = -\pi/2 + \Psi$. Di conseguenza, la prima matrice di rotazione sarà

$$
\mathbf{R}_z(\theta_3) := \begin{bmatrix} \mathrm{c}_3 & -\mathrm{s}_3 & 0 \\ \mathrm{s}_3 & \mathrm{c}_3 & 0 \\ 0 & 0 & 1 \end{bmatrix} \Rightarrow \mathbf{R}_z(\Psi) := \begin{bmatrix} \mathrm{c}\left(\Psi - \frac{\pi}{2}\right) & -\mathrm{s}\left(\Psi - \frac{\pi}{2}\right) & 0 \\ \mathrm{s}\left(\Psi - \frac{\pi}{2}\right) & \mathrm{c}\left(\Psi - \frac{\pi}{2}\right) & 0 \\ 0 & 0 & 1 \end{bmatrix} .
$$

$$
\Downarrow
$$

$$
\mathbf{R}_z(\Psi) := \begin{bmatrix} \mathrm{s}_\Psi & \mathrm{c}_\Psi & 0 \\ -\mathrm{c}_\Psi & \mathrm{s}_\Psi & 0 \\ 0 & 0 & 1 \end{bmatrix}
$$

La seconda rotazione avverrà attorno all'asse corrente $\mathbf{x}$ (ovvero l'asse $\hat{\mathbf{x}}_3$) e servirà ad allineare l'asse corrente $\hat{\mathbf{z}}$ (ovvero $\hat{\mathbf{z}}_3$) con l'asse $\hat{\mathbf{z}}_4$: è necessaria una rotazione pari a $-\pi/2$.

$$
\mathbf{R}_x(-\pi/2) := \begin{bmatrix} 1 & 0 & 0 \\ 0 & \cos(-\frac{\pi}{2}) & -\sin(-\frac{\pi}{2}) \\ 0 & \sin(-\frac{\pi}{2}) & \cos(-\frac{\pi}{2}) \end{bmatrix} \Rightarrow \mathbf{R}_x(-\pi/2) := \begin{bmatrix} 1 & 0 & 0 \\ 0 & 0 & 1 \\ 0 & -1 & 0 \end{bmatrix} .
$$

La terza e ultima rotazione sarà attorno all'asse $\hat{\mathbf{z}}$ e servirà ad allineare l'asse $\hat{\mathbf{x}}$ corrente (che, si ricordi, è disposto orizzontalmente) con l'asse $\hat{\mathbf{x}}_4$. Osservando la figura in cui sono riportate le terne e tenendo conto dell'attuale loro disposizione, si conclude che la rotazione dovrà essere pari a $\Phi = \theta_4 > 0$ (si ricordi che il segno di Φ dipende dal versore $\hat{\mathbf{z}}_4$) per cui

$$
\mathbf{R}_z(\Phi) := \begin{bmatrix} \mathrm{c}_\Phi & -\mathrm{s}_\Phi & 0 \\ \mathrm{s}_\Phi & \mathrm{c}_\Phi & 0 \\ 0 & 0 & 1 \end{bmatrix} .
$$

La matrice di rotazione $\mathbf{R}(\Psi, \Phi)$ sarà data dal prodotto

$$\begin{aligned} {}^0_4\mathbf{R}(\Psi, \Phi) &= \mathbf{R}_z(\Psi)\mathbf{R}_x(-\pi/2)\mathbf{R}_z(\Phi) = \\ &= \begin{bmatrix} s_\Psi c_\Phi & -s_\Psi s_\Phi & c_\Psi \\ -c_\Psi c_\Phi & c_\Psi s_\Phi & s_\Psi \\ -s_\Phi & -c_\Phi & 0 \end{bmatrix} . \end{aligned}$$

Per poter scrivere la matrice di trasformazione omogenea resta da esprimere x in funzione delle variabili dello spazio operativo. Osservando ancora una volta la figura in cui sono riportate le terne, si può dedurre che $x = L_1 s_\Psi$ e, quindi,

$$ {}^0_4\mathbf{T}(y, z, \Psi, \Phi) = \begin{bmatrix} s_\Psi c_\Phi & -s_\Psi s_\Phi & c_\Psi & L_1 s_\Psi \\ -c_\Psi c_\Phi & c_\Psi s_\Phi & s_\Psi & y \\ -s_\Phi & -c_\Phi & 0 & z \\ 0 & 0 & 0 & 1 \end{bmatrix} . $$

4) Soluzione della cinematica inversa.

Dal confronto tra le due matrici di trasformazione omogenea si ricavano le seguenti espressioni

$$ s_3 = -c_\Psi ; \qquad (1.69) $$

$$ c_3 = s_\Psi ; \qquad (1.70) $$

$$ s_4 = s_\Phi ; \qquad (1.71) $$

$$ c_4 = c_\Phi ; \qquad (1.72) $$

$$ L_1 s_3 - d_2 = y ; \qquad (1.73) $$

$$ d_1 = z . \qquad (1.74) $$

Dalle relazioni (1.69) e (1.70) si ricava

$$ \theta_3 = \Psi - \frac{\pi}{2} , $$

mentre dalle (1.71) e (1.72) si ricava

$$ \theta_4 = \Phi . $$

Essendo noto il valore di s_3, dalla (1.73) si ottiene

$$ d_2 = L_1 s_3 - y = -L_1 c_\Psi - y $$

e, infine, la (1.74) restituisce

$$ d_1 = z . $$

È evidente che la soluzione è unica e non presenta casi singolari da analizzare.

Esercizio 13.

Sia dato il manipolatore RPRR riportato in figura.

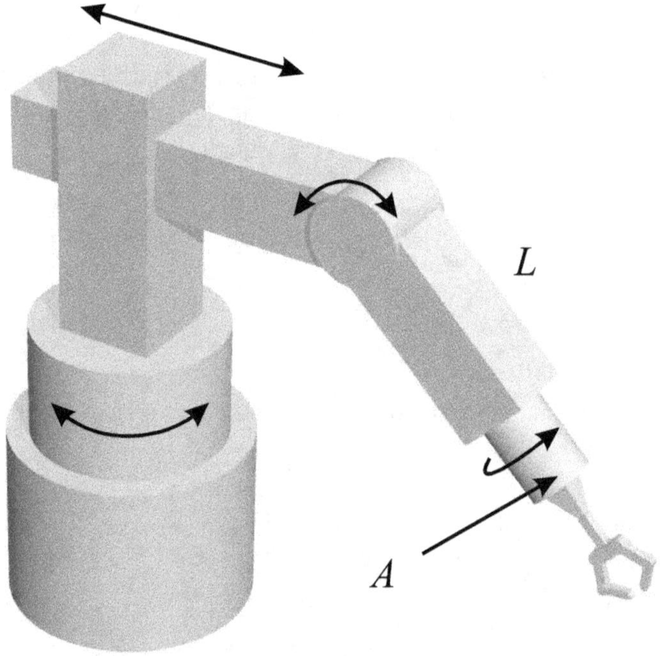

Si chiede di:

1. Fissare le terne ai bracci del manipolatore usando la convenzione di Denavit-Hartenberg modificata e determinare i parametri cinematici fissando l'ultima terna nel punto A indicato in figura;
2. Determinare la matrice di trasformazione omogenea ${}^0_4\mathbf{T}(\theta_1, d_2, \theta_3, \theta_4)$, dove $\{0\}$ e $\{4\}$ denotano rispettivamente la terna di base e la terna di polso;
3. Il manipolatore può essere descritto nello spazio operativo tramite le coordinate dell'origine della terna $\{4\}$ descritta rispetto alla terna $\{0\}$ (coordinate x, y e z) ed un angolo Φ tra il versore $\hat{\mathbf{x}}_1$ e il versore $\hat{\mathbf{x}}_4$ il cui segno è definito dal versore $\hat{\mathbf{z}}_4$: determinare la matrice di trasformazione omogenea ${}^0_4\mathbf{T}(x, y, z, \Phi)$ nell'ipotesi che $\theta_3 \in [-\pi/2\,, \pi/2]$;
4. Risolvere la cinematica inversa del manipolatore trattando i casi singolari e specificando il numero di soluzioni che il problema ammette.

Soluzione.

1) Terne e parametri cinematici.

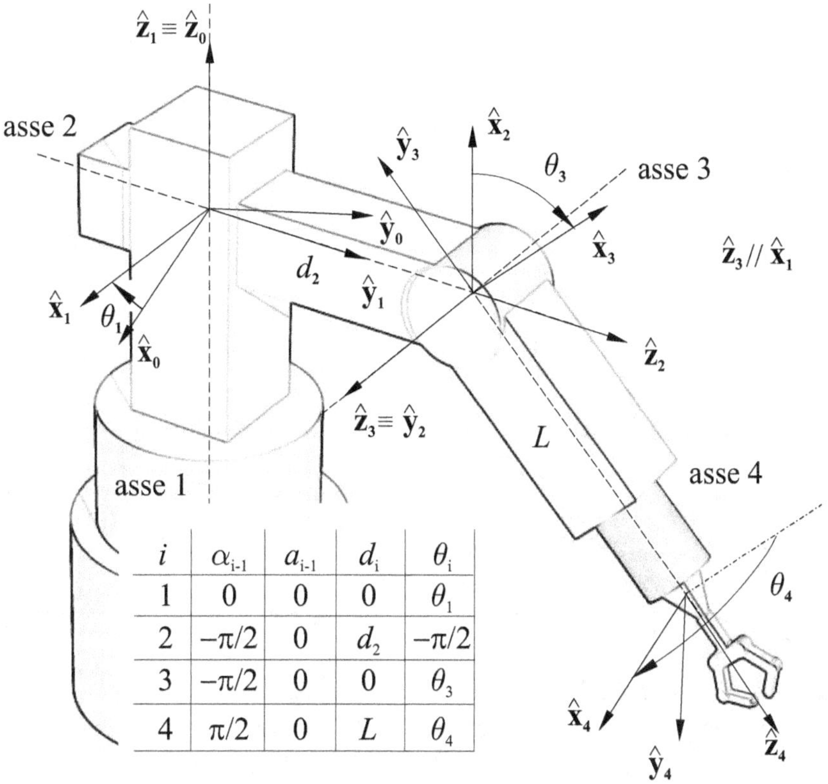

i	α_{i-1}	a_{i-1}	d_i	θ_i
1	0	0	0	θ_1
2	$-\pi/2$	0	d_2	$-\pi/2$
3	$-\pi/2$	0	0	θ_3
4	$\pi/2$	0	L	θ_4

2) La matrice di trasformazione omogenea ${}^0_4\mathbf{T}(\theta_1, d_2, \theta_3, \theta_4)$.

$$
{}^0_1\mathbf{T} = \begin{bmatrix} c_1 & -s_1 & 0 & 0 \\ s_1 & c_1 & 0 & 0 \\ 0 & 0 & 1 & 0 \\ 0 & 0 & 0 & 1 \end{bmatrix} \qquad {}^1_2\mathbf{T} = \begin{bmatrix} 0 & 1 & 0 & 0 \\ 0 & 0 & 1 & d_2 \\ 1 & 0 & 0 & 0 \\ 0 & 0 & 0 & 1 \end{bmatrix}
$$

$$
{}^2_3\mathbf{T} = \begin{bmatrix} c_3 & -s_3 & 0 & 0 \\ 0 & 0 & 1 & 0 \\ -s_3 & -c_3 & 0 & 0 \\ 0 & 0 & 0 & 1 \end{bmatrix} \qquad {}^3_4\mathbf{T} = \begin{bmatrix} c_4 & -s_4 & 0 & 0 \\ 0 & 0 & -1 & -L \\ s_4 & c_4 & 0 & 0 \\ 0 & 0 & 0 & 1 \end{bmatrix}
$$

$$
{}^0_2\mathbf{T} = \begin{bmatrix} 0 & c_1 & -s_1 & -s_1 d_2 \\ 0 & s_1 & c_1 & c_1 d_2 \\ 1 & 0 & 0 & 0 \\ 0 & 0 & 0 & 1 \end{bmatrix} \qquad {}^2_4\mathbf{T} = \begin{bmatrix} c_3 c_4 & -c_3 s_4 & s_3 & s_3 L \\ s_4 & c_4 & 0 & 0 \\ -s_3 c_4 & s_3 s_4 & c_3 & c_3 L \\ 0 & 0 & 0 & 1 \end{bmatrix}
$$

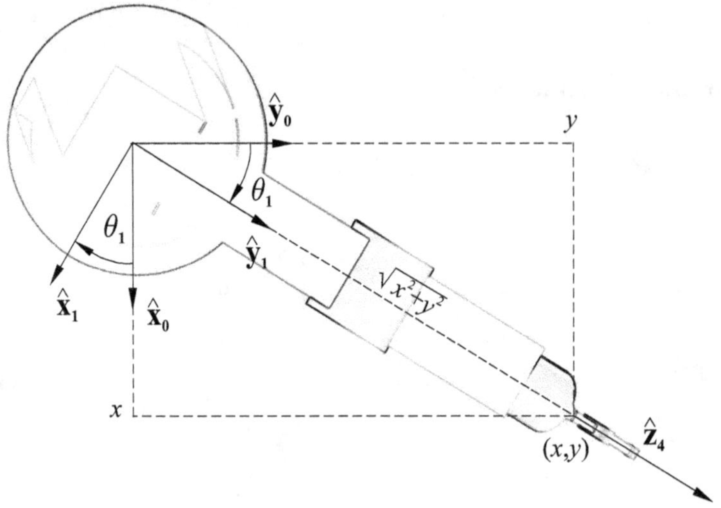

Figura 1.12 Proiezione sul piano orizzontale delle terne del manipolatore

$$
{}^0_4\mathbf{T} = \left[\begin{array}{ccc|c} \mathrm{s}_1\,\mathrm{s}_3\,\mathrm{c}_4 + \mathrm{c}_1\,\mathrm{s}_4 & -\mathrm{s}_1\,\mathrm{s}_3\,\mathrm{s}_4 + \mathrm{c}_1\,\mathrm{c}_4 & -\mathrm{s}_1\,\mathrm{c}_3 & -\mathrm{s}_1\,(\mathrm{c}_3\,L + d_2) \\ -\mathrm{c}_1\,\mathrm{s}_3\,\mathrm{c}_4 + \mathrm{s}_1\,\mathrm{s}_4 & \mathrm{c}_1\,\mathrm{s}_3\,\mathrm{s}_4 + \mathrm{s}_1\,\mathrm{c}_4 & \mathrm{c}_1\,\mathrm{c}_3 & \mathrm{c}_1\,(\mathrm{c}_3\,L + d_2) \\ \mathrm{c}_3\,\mathrm{c}_4 & -\mathrm{c}_3\,\mathrm{s}_4 & \mathrm{s}_3 & \mathrm{s}_3\,L \\ \hline 0 & 0 & 0 & 1 \end{array}\right].
$$

3) La matrice di trasformazione omogenea ${}^0_4\mathbf{T}(x, y, z, \Phi)$.

È possibile esprimere l'orientamento della terna $\{4\}$ attraverso tre rotazioni per assi mobili. La prima rotazione dovrà avvenire attorno all'asse $\hat{\mathbf{z}}_0$ e il suo scopo sarà quello di allineare la terna $\{0\}$ con la terna $\{1\}$. Sarà necessaria una rotazione di un angolo pari a θ_1. Non potendo esprimere la matrice di rotazione in funzione delle variabili di giunto, è necessario esprimere θ_1 come funzione delle variabili dello spazio operativo. In figura 1.12 è riportata una vista schematica dall'alto del manipolatore. Osservando la figura, è immediato constatare che $\cos(\theta_1) = \mathrm{c}_1 = y/\sqrt{x^2+y^2}$ e che $\sin(\theta_1) = \mathrm{s}_1 = -x/\sqrt{x^2+y^2}$. Il segno meno introdotto nell'espressione del seno serve per bilanciare i segni dell'espressione: infatti, nella postura di figura 1.12 si ha che il seno di θ_1 è negativo, mentre $x/\sqrt{x^2+y^2}$ sarebbe positivo. La prima matrice di rotazione è, dunque,

$$
\mathbf{R}_z(\theta_1) := \begin{bmatrix} \mathrm{c}_1 & -\mathrm{s}_1 & 0 \\ \mathrm{s}_1 & \mathrm{c}_1 & 0 \\ 0 & 0 & 1 \end{bmatrix} \Rightarrow \mathbf{R}_z(x,y) := \begin{bmatrix} \frac{y}{\sqrt{x^2+y^2}} & \frac{x}{\sqrt{x^2+y^2}} & 0 \\ \frac{-x}{\sqrt{x^2+y^2}} & \frac{y}{\sqrt{x^2+y^2}} & 0 \\ 0 & 0 & 1 \end{bmatrix}.
$$

Conviene ora allineare il versore $\hat{\mathbf{z}}$ corrente (ovvero $\hat{\mathbf{z}}_1$) con il versore $\hat{\mathbf{z}}_4$. La figura 1.13 mostra una vista laterale del manipolatore dalla quale è possibile dedurre che è necessaria una rotazione attorno all'asse $\hat{\mathbf{x}}$ corrente (ovvero $\hat{\mathbf{x}}_1$) di una angolo pari a $-\pi/2 + \alpha$. Si

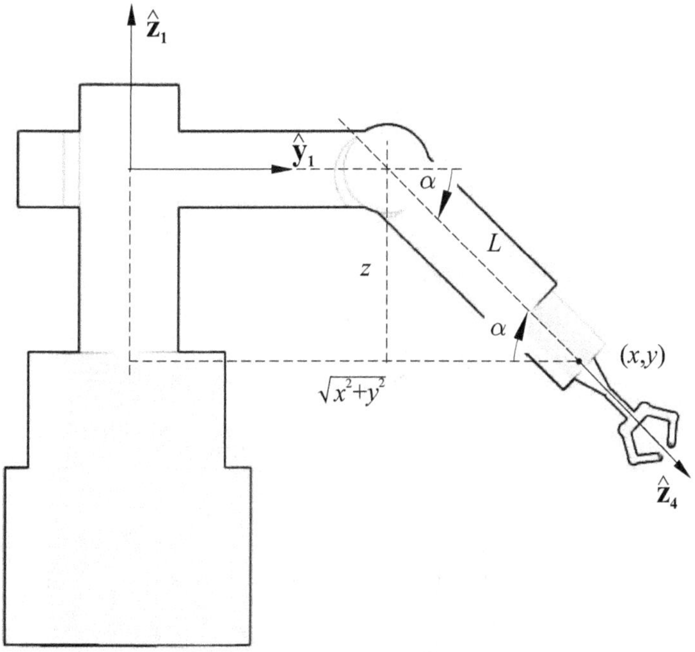

Figura 1.13 Proiezione sul piano verticale delle terne del manipolatore

noti che nella configurazione di figura 1.13, l'angolo α è negativo se misurato rispetto a $\hat{\mathbf{x}}_1$. Sempre la figura 1.13 permette di valutare α dato che, evidentemente, $\sin(\alpha) = z/L$

$$\alpha = \arcsin\left(\frac{z}{L}\right) . \tag{1.75}$$

In teoria dovrebbe essere ammissibile anche un valore di α del tipo $\alpha = \pi - \arcsin\left(\frac{z}{L}\right)$, tuttavia la limitazione imposta su θ_3 fa sì che $\alpha \in [-\pi/2,\ \pi/2]$, cosicché la (1.75) è l'unica soluzione ammissibile.

Visto che z risulta negativa nella postura scelta, l'arcocoseno restituirà, come desiderato, un valore negativo di α: non è necessario apportare alcuna correzione di segno. Ricordando che $\cos(-\pi/2+\alpha) = \sin(\alpha)$ e che $\sin(-\pi/2+\alpha) = -\cos(\alpha)$, la matrice relativa alla seconda rotazione è esprimibile come segue

$$\mathbf{R}_x(-\pi/2+\alpha) := \begin{bmatrix} 1 & 0 & 0 \\ 0 & \mathrm{c}(-\pi/2+\alpha) & -\mathrm{s}(-\pi/2+\alpha) \\ 0 & \mathrm{s}(-\pi/2+\alpha) & \mathrm{c}(-\pi/2+\alpha) \end{bmatrix} = \begin{bmatrix} 1 & 0 & 0 \\ 0 & \mathrm{s}_\alpha & \mathrm{c}_\alpha \\ 0 & -\mathrm{c}_\alpha & \mathrm{s}_\alpha \end{bmatrix} .$$

Vista la definizione data dell'angolo Φ, una rotazione attorno all'asse $\hat{\mathbf{z}}$ corrente (ovvero $\hat{\mathbf{z}}_4$) di un angolo Φ porterà il versore $\hat{\mathbf{x}}$ corrente ad allinearsi con il vettore $\hat{\mathbf{x}}_4$. La terza rotazione sarà pertanto espressa tramite la matrice

$$\mathbf{R}_z(\Phi) := \begin{bmatrix} \mathrm{c}_\Phi & -\mathrm{s}_\Phi & 0 \\ \mathrm{s}_\Phi & \mathrm{c}_\Phi & 0 \\ 0 & 0 & 1 \end{bmatrix} .$$

La matrice di rotazione $\mathbf{R}(x, y, z, \Phi)$ sarà data dal prodotto

$$\begin{aligned} {}^0_4\mathbf{R}(x, y, z, \Phi) &= \mathbf{R}_z(x, y)\, \mathbf{R}_x[\alpha(z)]\, \mathbf{R}_z(\Phi) = \\ &= \begin{bmatrix} \dfrac{y\,\mathrm{c}_\Phi + x\,\mathrm{s}_\alpha\,\mathrm{s}_\Phi}{\sqrt{x^2+y^2}} & \dfrac{-y\,\mathrm{s}_\Phi + x\,\mathrm{s}_\alpha\,\mathrm{c}_\Phi}{\sqrt{x^2+y^2}} & \dfrac{x\,\mathrm{c}_\alpha}{\sqrt{x^2+y^2}} \\ \dfrac{-x\,\mathrm{c}_\Phi + y\,\mathrm{s}_\alpha\,\mathrm{s}_\Phi}{\sqrt{x^2+y^2}} & \dfrac{x\,\mathrm{s}_\Phi + y\,\mathrm{s}_\alpha\,\mathrm{c}_\Phi}{\sqrt{x^2+y^2}} & \dfrac{y\,\mathrm{c}_\alpha}{\sqrt{x^2+y^2}} \\ -\mathrm{c}_\alpha\,\mathrm{s}_\Phi & -\mathrm{c}_\alpha\,\mathrm{c}_\Phi & \mathrm{s}_\alpha \end{bmatrix} \end{aligned}$$

e, quindi,

$${}^0_4\mathbf{T}(x, y, z, \Phi) = \left[\begin{array}{ccc|c} \dfrac{y\,\mathrm{c}_\Phi + x\,\mathrm{s}_\alpha\,\mathrm{s}_\Phi}{\sqrt{x^2+y^2}} & \dfrac{-y\,\mathrm{s}_\Phi + x\,\mathrm{s}_\alpha\,\mathrm{c}_\Phi}{\sqrt{x^2+y^2}} & \dfrac{x\,\mathrm{c}_\alpha}{\sqrt{x^2+y^2}} & x \\ \dfrac{-x\,\mathrm{c}_\Phi + y\,\mathrm{s}_\alpha\,\mathrm{s}_\Phi}{\sqrt{x^2+y^2}} & \dfrac{x\,\mathrm{s}_\Phi + y\,\mathrm{s}_\alpha\,\mathrm{c}_\Phi}{\sqrt{x^2+y^2}} & \dfrac{y\,\mathrm{c}_\alpha}{\sqrt{x^2+y^2}} & y \\ -\mathrm{c}_\alpha\,\mathrm{s}_\Phi & -\mathrm{c}_\alpha\,\mathrm{c}_\Phi & \mathrm{s}_\alpha & z \\ \hline 0 & 0 & 0 & 1 \end{array}\right] .$$

4) Soluzione della cinematica inversa.
La cinematica inversa risulta semplificata per fatto che si è già appurato che

$$\mathrm{s}_1 = \frac{-x}{\sqrt{x^2+y^2}} , \tag{1.76}$$

$$\mathrm{c}_1 = \frac{y}{\sqrt{x^2+y^2}} , \tag{1.77}$$

e, pertanto,

$$\theta_1 = \mathrm{Atan2}(\mathrm{s}_1, \mathrm{c}_1) = \mathrm{Atan2}(\frac{-x}{\sqrt{x^2+y^2}}, \frac{y}{\sqrt{x^2+y^2}}) = \mathrm{Atan2}(-x, y) .$$

La relazione appena trovata non è mai singolare in quanto la geometria del manipolatore garantisce che la situazione critica $x = y = 0$ non sia mai verificata.

Sfruttando questo risultato, e continuando nel confronto tra le due matrici di trasformazione omogenea, si ricavano le seguenti espressioni

$$\mathrm{s}_3 = \mathrm{s}_\alpha , \tag{1.78}$$

$$\mathrm{c}_3 = \mathrm{c}_\alpha , \tag{1.79}$$

e, ricordando la (1.75), si può scrivere

$$\theta_3 = \arccos\left(\frac{z}{L}\right) .$$

Questa relazione entra in crisi solo se $z > L$, ovvero se il punto assegnato è al di fuori dello spazio di lavoro del manipolatore.

Sempre dal confronto tra le due matrici di trasformazione omogenea si deduce che

$$\begin{aligned} \mathrm{c}_4 &= -\mathrm{s}_\Phi , & (1.80)\\ \mathrm{s}_4 &= \mathrm{c}_\Phi , & (1.81) \end{aligned}$$

ovvero,

$$\theta_4 = \Phi + \frac{\pi}{2} .$$

Per finire si ricordi che

$$\begin{aligned} -\mathrm{s}_1\,(\mathrm{c}_3\,L + d_2) &= x , & (1.82)\\ \mathrm{c}_1\,(\mathrm{c}_3\,L + d_2) &= y , & (1.83)\\ \mathrm{s}_3\,L &= z . & (1.84) \end{aligned}$$

Dalla prima delle tre relazioni, ricordando che $\mathrm{s}_1 = -x/\sqrt{x^2+y^2}$, si ricava immediatamente che

$$d_2 = \sqrt{x^2+y^2} - L\,\mathrm{c}_3 = \sqrt{x^2+y^2} - L\,\mathrm{c}_\alpha .$$

La soluzione è quindi unica e non ammette casi singolari.

Esercizio 14.

Sia dato il manipolatore RRRP riportato in figura.

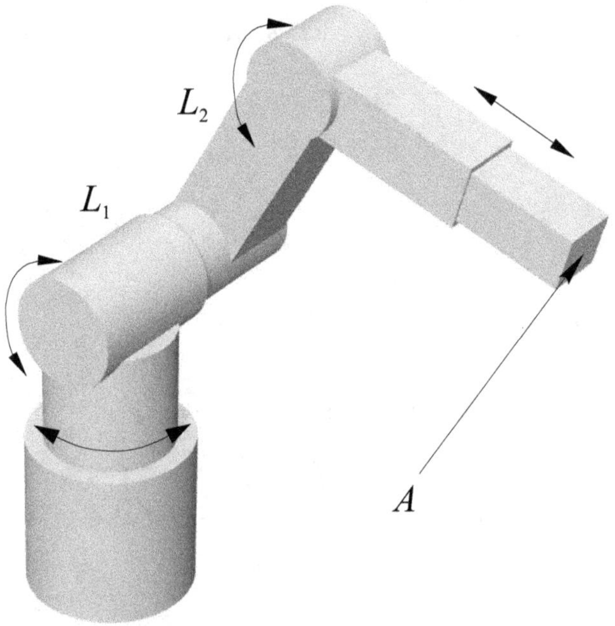

Si chiede di:

1. Fissare le terne ai bracci del manipolatore usando la convenzione di Denavit-Hartenberg modificata e determinare i parametri cinematici. Si ponga l'origine dell'ultima terna nella posizione A indicata in figura;
2. Determinare la matrice di trasformazione omogenea ${}^0_4\mathbf{T}(\theta_1, \theta_2, \theta_3, d_4)$, dove $\{0\}$ e $\{4\}$ denotano rispettivamente la terna di base e la terna di polso;
3. Il manipolatore può essere descritto nello spazio operativo tramite le coordinate dell'origine della terna $\{4\}$ descritta rispetto alla terna $\{0\}$ (coordinate x, y e z) e un angolo Φ tra il versore $\hat{\mathbf{x}}_1$ e il versore $\hat{\mathbf{z}}_4$ il cui segno è definito dal versore $\hat{\mathbf{y}}_1$: determinare la matrice di trasformazione omogenea ${}^0_4\mathbf{T}(x, y, z, \Phi)$;
4. Risolvere la cinematica inversa del manipolatore trattando i casi singolari e specificando il numero di soluzioni che il problema ammette nell'ipotesi che $\theta_2 \in [-\pi/2, \pi/2]$ mentre $\theta_3 \in [-\pi/2, \pi/2]$.

Soluzione.

1) Terne e parametri cinematici.

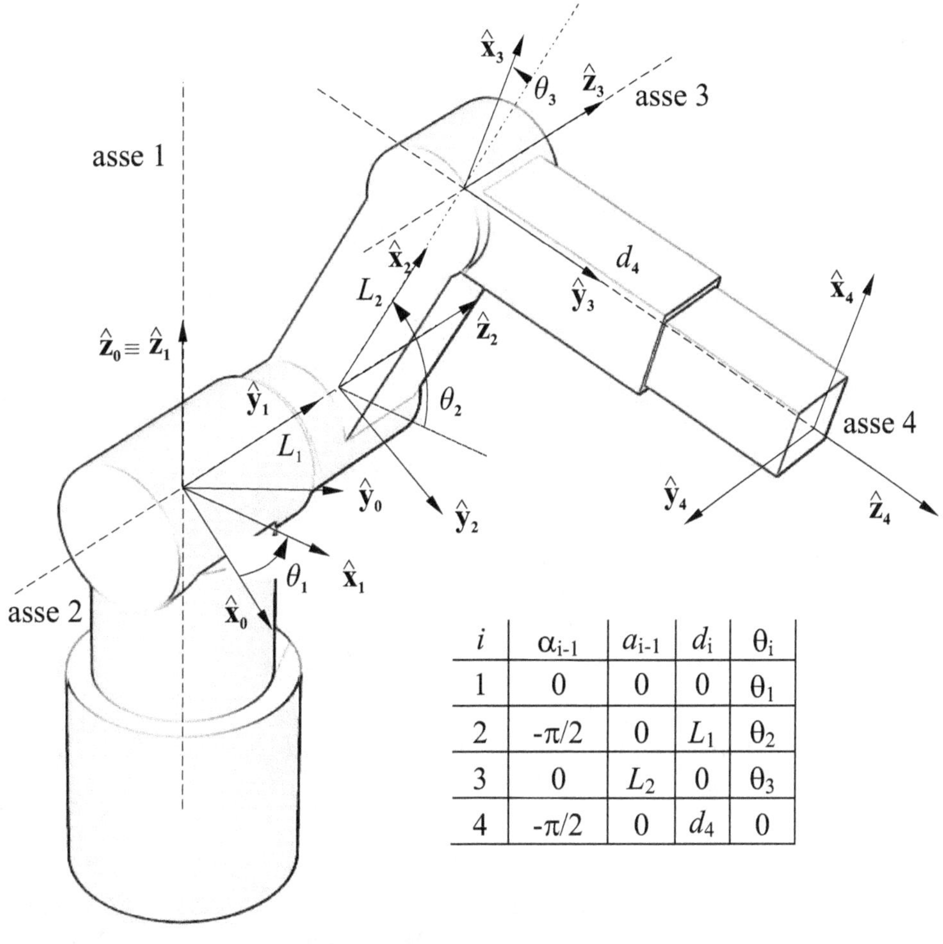

i	α_{i-1}	a_{i-1}	d_i	θ_i
1	0	0	0	θ_1
2	$-\pi/2$	0	L_1	θ_2
3	0	L_2	0	θ_3
4	$-\pi/2$	0	d_4	0

2) La matrice di trasformazione omogenea ${}^0_4\mathbf{T}(\theta_1, \theta_2, \theta_3, d_4)$.

$$
{}^0_1\mathbf{T} = \begin{bmatrix} c_1 & -s_1 & 0 & 0 \\ s_1 & c_1 & 0 & 0 \\ 0 & 0 & 1 & 0 \\ 0 & 0 & 0 & 1 \end{bmatrix} \qquad
{}^1_2\mathbf{T} = \begin{bmatrix} c_2 & -s_2 & 0 & 0 \\ 0 & 0 & 1 & L_1 \\ -s_2 & -c_2 & 0 & 0 \\ 0 & 0 & 0 & 1 \end{bmatrix}
$$

$$
{}^2_3\mathbf{T} = \begin{bmatrix} c_3 & -s_3 & 0 & L_2 \\ s_3 & c_3 & 0 & 0 \\ 0 & 0 & 1 & 0 \\ 0 & 0 & 0 & 1 \end{bmatrix} \qquad
{}^3_4\mathbf{T} = \begin{bmatrix} 1 & 0 & 0 & 0 \\ 0 & 0 & 1 & d_4 \\ 0 & -1 & 0 & 0 \\ 0 & 0 & 0 & 1 \end{bmatrix}
$$

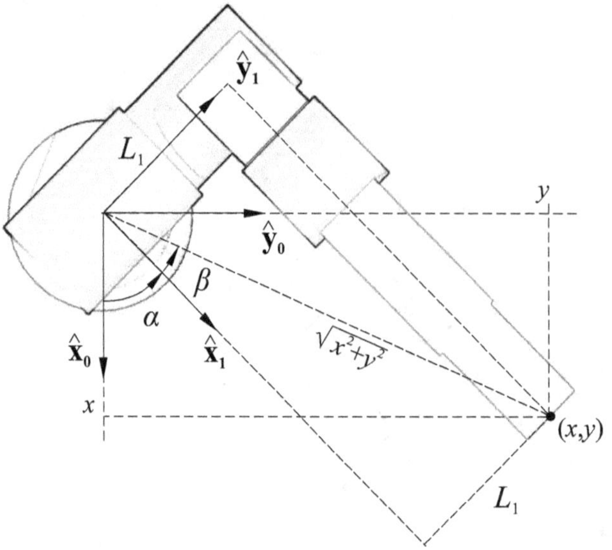

Figura 1.14 Proiezione sul piano orizzontale delle terne del manipolatore.

$$
{}^0_2\mathbf{T} = \begin{bmatrix} c_1c_2 & -c_1s_2 & -s_1 & -s_1L_1 \\ s_1c_2 & -s_1s_2 & c_1 & c_1L_1 \\ -s_2 & -c_2 & 0 & 0 \\ 0 & 0 & 0 & 1 \end{bmatrix} \qquad {}^2_4\mathbf{T} = \begin{bmatrix} c_3 & 0 & -s_3 & -s_3d_4 + L_2 \\ s_3 & 0 & c_3 & c_3d_4 \\ 0 & -1 & 0 & 0 \\ 0 & 0 & 0 & 1 \end{bmatrix}
$$

$$
{}^0_4\mathbf{T} = \begin{bmatrix} c_1c_{23} & s_1 & -c_1s_{23} & -c_1(s_{23}d_4 - c_2L_2) - s_1\,L_1 \\ s_1c_{23} & -c_1 & -s_1s_{23} & -s_1(s_{23}d_4 - c_2L_2) + c_1\,L_1 \\ -s_{23} & 0 & -c_{23} & -c_{23}d_4 - s_2L_2 \\ 0 & 0 & 0 & 1 \end{bmatrix}.
$$

4) La matrice di trasformazione omogenea ${}^0_4\mathbf{T}(x, y, z, \Phi)$.

È possibile esprimere l'orientamento della terna $\{4\}$ attraverso tre rotazioni per assi mobili. La prima rotazione dovrà avvenire attorno all'asse $\hat{\mathbf{z}}_1$, in modo da allineare la terna $\{0\}$ con la terna $\{1\}$. In pratica, sarà necessario compiere una rotazione pari ad $\alpha = \theta_1$. Di conseguenza, la prima matrice di rotazione sarà data da

$$
\mathbf{R}_z(\alpha) := \begin{bmatrix} c_\alpha & -s_\alpha & 0 \\ s_\alpha & c_\alpha & 0 \\ 0 & 0 & 1 \end{bmatrix}.
$$

Viste le limitazioni imposte sugli angoli θ_2 e θ_3, il manipolatore, visto dall'alto, non può che essere disposto come mostrato in figura 1.14. L'angolo β può essere valutato immediatamente

$$
\beta = \arcsin\left(\frac{L_1}{\sqrt{x^2 + y^2}}\right).
$$

Inoltre, è facile verificare che $\cos(\alpha + \beta) = x/\sqrt{x^2 + y^2}$, mentre $\sin(\alpha + \beta) = y/\sqrt{x^2 + y^2}$. Sarà quindi lecito scrivere

$$\alpha + \beta = \mathrm{Atan2}\left(\frac{y}{\sqrt{x^2 + y^2}}, \frac{x}{\sqrt{x^2 + y^2}}\right) = \mathrm{Atan2}(y, x)\ .$$

L'angolo α, espresso in funzione delle variabili dello spazio operativo, è pertanto esprimibile come segue

$$\alpha = \mathrm{Atan2}(y, x) - \arcsin\left(\frac{L_1}{\sqrt{x^2 + y^2}}\right)\ . \tag{1.85}$$

La seconda rotazione avverrà attorno all'asse $\hat{\mathbf{y}}_1$ e servirà ad allineare l'asse corrente $\hat{\mathbf{z}}$ (ovvero $\hat{\mathbf{z}}_1$) con l'asse $\hat{\mathbf{z}}_4$: è necessaria una rotazione pari a $\pi/2 + \Phi$. Si noti che, con il manipolatore disposto come in figura, si ha che $\Phi > 0$ (si ricordi che il segno di Φ dipende dal versore $\hat{\mathbf{y}}_1$)

$$\mathbf{R}_y(\Phi) := \begin{bmatrix} \mathrm{c}(\Phi + \frac{\pi}{2}) & 0 & \mathrm{s}(\Phi + \frac{\pi}{2}) \\ 0 & 1 & 0 \\ -\mathrm{s}(\Phi + \frac{\pi}{2}) & 0 & \mathrm{c}(\Phi + \frac{\pi}{2}) \end{bmatrix} = \begin{bmatrix} -\mathrm{s}_\Phi & 0 & \mathrm{c}_\Phi \\ 0 & 1 & 0 \\ -\mathrm{c}_\Phi & 0 & -\mathrm{s}_\Phi \end{bmatrix}.$$

La terza e ultima rotazione sarà attorno all'asse $\hat{\mathbf{z}}$ e servirà ad allineare l'asse $\hat{\mathbf{y}}$ corrente (che, si ricordi, coincide con $\hat{\mathbf{y}}_1$) con l'asse $\hat{\mathbf{y}}_4$. La rotazione dovrà essere pari a π e, pertanto, sarà descrivibile tramite la matrice

$$\mathbf{R}_z(\pi) := \begin{bmatrix} -1 & 0 & 0 \\ 0 & -1 & 0 \\ 0 & 0 & 1 \end{bmatrix}.$$

La matrice di rotazione $\mathbf{R}(x, y, \Phi)$ sarà data dal prodotto

$$\begin{aligned} {}^0_4\mathbf{R}(x, y, \Phi) &= \mathbf{R}_z(x, y)\mathbf{R}_y(\Phi)\mathbf{R}_z(\pi) = \\ &= \begin{bmatrix} \mathrm{c}_\alpha\, \mathrm{s}_\Phi & \mathrm{s}_\alpha & \mathrm{c}_\alpha\, \mathrm{c}_\Phi \\ \mathrm{s}_\alpha\, \mathrm{s}_\Phi & -\mathrm{c}_\alpha & \mathrm{s}_\alpha\, \mathrm{c}_\Phi \\ \mathrm{c}_\Phi & 0 & -\mathrm{s}_\Phi \end{bmatrix} \end{aligned}$$

con α espresso tramite la (1.85). Quindi,

$${}^0_4\mathbf{T}(x, y, z, \Phi) = \begin{bmatrix} \mathrm{c}_\alpha\, \mathrm{s}_\Phi & \mathrm{s}_\alpha & \mathrm{c}_\alpha\, \mathrm{c}_\Phi & x \\ \mathrm{s}_\alpha\, \mathrm{s}_\Phi & -\mathrm{c}_\alpha & \mathrm{s}_\alpha\, \mathrm{c}_\Phi & y \\ \mathrm{c}_\Phi & 0 & -\mathrm{s}_\Phi & z \\ 0 & 0 & 0 & 1 \end{bmatrix}.$$

4) Soluzione della cinematica inversa.
É immediato ricavare la prima delle variabili di giunto ricordando che $\alpha = \theta_1$ e quindi, per via della (1.85) si può scrivere

$$\theta_1 = \text{Atan2}(y, x) - \arcsin\left(\frac{L_1}{\sqrt{x^2 + y^2}}\right) .$$

Dal confronto delle due matrici di trasformazione omogenea si ottiene poi

$$\begin{aligned} \mathrm{s}_{23} &= -\mathrm{c}_\Phi && (1.86)\\ \mathrm{c}_{23} &= \mathrm{s}_\Phi && (1.87)\\ -\mathrm{c}_1(\mathrm{s}_{23}d_4 - \mathrm{c}_2L_2) - \mathrm{s}_1\,L_1 &= x && (1.88)\\ -\mathrm{s}_1(\mathrm{s}_{23}d_4 - \mathrm{c}_2L_2) + \mathrm{c}_1\,L_1 &= y && (1.89)\\ -\mathrm{c}_{23}d_4 - \mathrm{s}_2L_2 &= z && (1.90) \end{aligned}$$

Moltiplicando per c_1 la (1.88), per s_1 la (1.89) e sommandole si ottiene

$$\begin{aligned} -\mathrm{c}_1^2(\mathrm{s}_{23}d_4 - \mathrm{c}_2L_2) - \mathrm{s}_1\mathrm{c}_1\,L_1 &= \mathrm{c}_1x\\ -\mathrm{s}_1^2(\mathrm{s}_{23}d_4 - \mathrm{c}_2L_2) + \mathrm{s}_1\mathrm{c}_1\,L_1 &= \mathrm{s}_1y\\ &\Downarrow\\ -\mathrm{s}_{23}d_4 + \mathrm{c}_2L_2 &= \mathrm{c}_1x + \mathrm{s}_1y\,. && (1.91) \end{aligned}$$

Moltiplicando per c_{23} la (1.91), per $-\mathrm{s}_{23}$ la (1.90) e sommandole si ottiene

$$\begin{aligned} -\mathrm{c}_{23}\mathrm{s}_{23}d_4 + \mathrm{c}_{23}\mathrm{c}_2L_2 &= \mathrm{c}_{23}(\mathrm{c}_1x + \mathrm{s}_1y)\\ \mathrm{s}_{23}\mathrm{c}_{23}d_4 + \mathrm{s}_{23}\mathrm{s}_2L_2 &= -\mathrm{s}_{23}z\\ &\Downarrow\\ (\mathrm{c}_{23}\mathrm{c}_2 + \mathrm{s}_{23}\mathrm{s}_2)L_2 &= \mathrm{c}_{23}(\mathrm{c}_1x + \mathrm{s}_1y) - \mathrm{s}_{23}z\\ &\Downarrow\\ \mathrm{c}_3L_2 &= \mathrm{c}_{23}(\mathrm{c}_1x + \mathrm{s}_1y) - \mathrm{s}_{23}z\,, \end{aligned}$$

e, quindi, ricordando le (1.86), (1.87) si ottiene

$$\theta_3 = \pm \arccos\left[\frac{\mathrm{s}_\Phi(\mathrm{c}_1x + \mathrm{s}_1y) + \mathrm{c}_\Phi z}{L_2}\right] . \tag{1.92}$$

Si noti che la (1.92) potrebbe non fornire alcuna soluzione nel caso in cui ammettesse un numeratore maggiore del denominatore. Inoltre, potrebbe accadere che i valori di θ_3 così calcolati siano al di fuori del range ammesso per la variabile: anche in questo caso il problema non ammetterebbe soluzione.

Per ricavare d_4 si moltiplica per $-\mathrm{s}_{23}$ la (1.91), per $-\mathrm{c}_{23}$ la (1.90) e sommandole si ottiene

$$\begin{aligned} \mathrm{s}_{23}^2 d_4 - \mathrm{s}_{23}\mathrm{c}_2 L_2 &= -\mathrm{s}_{23}(\mathrm{c}_1 x + \mathrm{s}_1 y) \\ \mathrm{c}_{23}^2 d_4 + \mathrm{c}_{23}\mathrm{s}_2 L_2 &= -\mathrm{c}_{23} z \\ &\Downarrow \\ d_4 + (\mathrm{c}_{23}\mathrm{s}_2 - \mathrm{s}_{23}\mathrm{c}_2) L_2 &= -\mathrm{s}_{23}(\mathrm{c}_1 x + \mathrm{s}_1 y) - \mathrm{c}_{23} z \\ &\Downarrow \\ d_4 - \mathrm{s}_3 L_2 &= -\mathrm{s}_{23}(\mathrm{c}_1 x + \mathrm{s}_1 y) - \mathrm{c}_{23} z \,, \end{aligned}$$

e quindi, ricordando ancora le (1.86), (1.87) si ottiene

$$d_4 = \mathrm{s}_3 L_2 + \mathrm{c}_\Phi(\mathrm{c}_1 x + \mathrm{s}_1 y) - \mathrm{s}_\Phi z \,.$$

Per finire, dalle (1.91) e (1.90) si ottiene che $\Phi = \theta_2 + \theta_3 + \pi/2$ e, pertanto,

$$\theta_2 = \Phi - \theta_3 - \frac{\pi}{2} \,.$$

Anche nel caso di θ_2 potrebbero risultare delle soluzioni non compatibili con il range di variazione ammesso.

In conclusione, il problema ammette due soluzioni per via della (1.92) e nessun caso singolare a parte quello solito $x = y = 0$ che, comunque, non appartiene allo spazio di lavoro del manipolatore.

www.ingramcontent.com/pod-product-compliance
Lightning Source LLC
Chambersburg PA
CBHW081554170526
45166CB00009B/2698
* 9 7 8 1 4 7 0 9 2 9 4 3 5 *